普通高等教育“十三五”规划教材
高等院校计算机系列教材
空间信息技术实验系列教材

嵌入式系统开发实验教程

冯　迅　编

华中科技大学出版社
中国·武汉

内 容 简 介

“嵌入式系统开发”是计算机及其相关专业的专业课程，本书作为实验教材，不仅详细讲解了嵌入式系统开发的环境搭建，还针对每个实验提供了完整的操作步骤和程序代码。全书共分16个实验，内容包括：Linux系统基本命令、开发环境的搭建、裸机跑LED控制、Linux系统下C程序的编译及调试、程序的交叉编译、Bootloader的编译与烧写、内核的配置与编译、嵌入式根文件系统的制作、进程控制、文件编程、网络应用开发、内核模块开发、嵌入式Linux系统下的LED控制、按键中断、PWM控制、基于网络的远程灯光控制。每个实验都对实验目的、实验内容及实验步骤等做了较为全面的阐述。

本书中各实验步骤清晰、可操作性较强，可作为本、专科院校计算机及其相关专业“嵌入式系统开发”课程的实验教材，也可作为广大嵌入式系统爱好者的参考书。

图书在版编目(CIP)数据

嵌入式系统开发实验教程/冯迅编. —武汉：华中科技大学出版社，2018.8
普通高等教育“十三五”规划教材　高等院校计算机系列教材
ISBN 978-7-5680-3968-0

Ⅰ.①嵌…　Ⅱ.①冯…　Ⅲ.①微型计算机-系统开发-高等学校-教材　Ⅳ.①TP360.21

中国版本图书馆CIP数据核字(2018)第178123号

嵌入式系统开发实验教程　　冯　迅　编
Qianrushi Xitong Kaifa Shiyan Jiaocheng

策划编辑：徐晓琦　李　露
责任编辑：李　露
封面设计：原色设计
责任校对：何　欢
责任监印：赵　月
出版发行：华中科技大学出版社（中国·武汉）　电话：(027)81321913
武汉市东湖新技术开发区华工科技园　邮编：430223
录　排：武汉楚海文化传播有限公司
印　刷：武汉华工鑫宏印务有限公司
开　本：787mm×1092mm　1/16
印　张：8.5
字　数：193千字
版　次：2018年8月第1版第1次印刷
定　价：21.60元

空间信息技术实验系列教材

编　委　会

序

21世纪以来，云计算、物联网、大数据、移动互联网、地理空间信息技术等新一代信息技术逐渐形成和兴起，人类进入了大数据时代。同时，国家目前正在大力推进“互联网＋”行动计划和智慧城市、海绵城市建设，信息产业在智慧城市、环境保护、海绵城市等诸多领域将迎来爆发式增长的需求。信息技术发展促进信息产业飞速发展，信息产业对人才的需求剧增。地方社会经济发展需要人才支撑，云南省“十三五”规划中明确指出，信息产业是云南省重点发展的八大产业之一。在大数据时代背景下，要满足地方经济发展需求，对信息技术类本科层次的应用型人才培养提出了新的要求，传统拥有单一专业技能的学生已不能很好地适应地方社会经济发展的需求，社会经济发展的人才需求将更倾向于融合新一代信息技术和行业领域知识的复合型创新人才。

为此，云南师范大学信息学院围绕国家、云南省对信息技术人才的需求，从人才培养模式改革、师资队伍建设、实践教学建设、应用研究发展、发展机制转型5个方面构建了大数据时代下的信息学科。在这一背景下，信息学院组织学院骨干教师力量，编写了空间信息技术实验系列教材，为培养适应云南省信息产业乃至各行各业信息化建设需要的大数据人才提供教材支撑。

该系列教材由云南师范大学信息学院教师编写，由杨昆负责总体设计，由冯乔生、肖飞、罗毅负责组织实施。系列教材的出版得到了云南省本科高校转型发展试点学院建设项目的资助。

前　言

目前，在全国高校“嵌入式系统”课程的教学中，大部分仍是以 ARM9 为例来进行授课的，而实验教学则大部分依托三星公司的 S3C24xx 系列芯片来开展。一方面，市场上基于 S3C24xx 的实验设备的品牌众多，且每一品牌都有各自的特点；另一方面，理论教材与实验设备很难做到同步结合。基于上述原因，笔者编撰了本实验指导教材，以供“嵌入式系统”课程的实验教学使用。

本实验指导教材以笔者多年的嵌入式系统实际开发经验为基础，一共选取了 16 个典型应用作为实验，每个实验均以实验目的、实验设备、实验性质、实验内容、实验原理和实验步骤为序进行讲述，便于学生理解和操作。尽管嵌入式系统在原理上较为复杂，但本教材对实验步骤进行了较为详细的量化分解，一步步地引导学生进行操作，让学生即使还未完全通晓原理，也依然能够通过实验指导教材去一步步完成实验，这样容易取得更好的学习效果。

目前的嵌入式系统主要分为跑操作系统和不跑操作系统两种类型，本实验指导教材侧重于第一种类型。全书基于 Linux 操作系统，重点讲述了 Linux 系统基本命令、Linux 下的程序开发、Linux 下的字符型驱动程序开发、Linux 按键中断程序、Linux 网络应用开发以及 Linux 内核的配置与编译等相关内容，为学生学习嵌入式 Linux 系统开发提供指导和帮助。

本书的编写得到了云南师范大学信息学院领导的大力支持，在此表示感谢。由于编者知识水平有限，书中难免存在不足之处，恳请广大读者批评指正。

冯　迅

2018 年 1 月

目　　录

实验一　Linux 系统基本命令

一、实验目的

(1)熟悉 Linux 系统环境,学会使用命令行进行操作。

(2)掌握 Linux 系统的基本命令。

(3)掌握 Linux 系统下的文本编辑器 vi 的使用方法。

二、实验设备

(1)PC。

(2)CentOS6.6 系统。

三、实验性质

验证性实验。

四、实验内容

(1)Linux 系统的登录、注销、重启和关闭。

(2)操作命令:列表(ls)、清屏(clear)、更改目录(cd)、显示当前路径(pwd)、创建目录(mkdir)、创建文件(touch)、删除(rm)、拷贝(cp)、移动(mv)、更改权限(chmod)、查看文本文件(cat/less)、解压(tar)。

(3)文本编辑器 vi。

五、实验原理

通过命令操控计算机系统,实现各类功能。

六、实验步骤

(1)启动 Linux 系统并以 root 用户身份登录,进入终端命令行模式,注销、重启、关闭 Linux 系统。

具体操作步骤如下。

①登录名称处输入“root”并回车。

②输入 root 用户的登录密码并回车，注意输入的密码不会显示在屏幕上，所以输入时一定要确保正确，否则不能登录。

③登录后的命令行提示符为“#”，表示登录用户为 root 用户，输入“logout”并回车即可退出(即注销用户的登录，也可直接按快捷键“Ctrl+D”)。

④登录后在命令行中输入“reboot”并回车，可重新启动 Linux 系统。

⑤登录后在命令行中输入“poweroff”并回车，可关闭 Linux 系统。

(2)在终端命令行中进行以下命令的操作：ls、clear、cd、pwd、mkdir、touch、rm、cp、mv、chmod、cat、less、tar。

①列表(ls)命令的操作如下。

在命令行中输入“ls”并回车，可查看当前目录下的所有文件及目录。

在命令行中输入“ls -l”并回车(也可输入“ll”并回车)，可查看当前目录下所有文件的详细信息。

在命令行中输入“ls install. log”并回车，可单独查看当前目录下名为 install. log 的文件，一般用来确认当前目录是否存在该文件。

在命令行中输入“ls -l install. log”并回车，可单独查看当前目录下名为 install. log 文件的详细信息。

在命令行中输入“ls /”并回车，可指定查看根目录下的所有文件及目录。

在命令行中输入“ls /root/. bash_profile”并回车，可显示 root 目录下名为. bash_profile 的文件，此时文件为隐藏形式也可显示出来，而直接使用“ls /root”命令是看不到隐藏文件的。

在命令行中输入“ls /root/in *”并回车，可显示 root 目录下以字母 in 开头的所有文件。

②清屏(clear)命令的操作如下。

输入“clear”并回车，可进行清屏操作。

③更改目录(cd)命令的操作如下。

在命令行中输入“cd /”并回车，可返回到根目录。

在命令行中输入“cd /home”并回车，可切换到 home 目录下。

在命令行中输入“cd ..”并回车，可返回上一级目录。

在命令行中输入“cd /var/ftp/pub”并回车，可一次性切换到 pub 目录下。

在命令行中输入“cd /root”并回车，可切换到 root 用户目录下(注：root 用户目录显示为“~”)。

目录操作可使用绝对路径(从根目录开始)，也可使用相对路径(从当前目录开始)，为了能快速准确地更改目录，可使用“Tab”键进行目录名称的自动补齐操作。

④显示当前路径(pwd)命令的操作如下。

输入“pwd”并回车，可显示当前目录所在的绝对路径。

⑤创建目录(mkdir)命令的操作如下。

在命令行中输入“mkdir abc”并回车，可在当前目录下创建一个名为 abc 的新目录。

在命令行中输入“mkdir a b c”并回车，可在当前目录下同时创建多个目录。

在命令行中输入“mkdir /123”并回车，可在指定目录（根目录）下创建新目录123。

在命令行中输入“mkdir-p /a/b/c”并回车，可在根目录下创建出三个嵌套的目录a/b/c。

注意：新创建的目录名称必须在创建目录下不存在，即不能存在两个名称一样的目录。

⑥创建文件(touch)命令的操作如下。

在命令行中输入“touch 123”并回车，可新建名为123的文件。

在命令行中输入“touch a b c”并回车，可同时新建多个文件。

注意：新创建的文件名称必须在创建目录下不存在，即不能存在两个名称一样的文件。

⑦删除(rm)命令的操作如下。

假设当前目录下存在一个名为123的文件，在命令行中输入“rm 123”并回车，可删除该文件，但需要按“Y”键确认。

假设当前目录下存在一个名为123的文件，在命令行中输入“rm-f 123”并回车，可删除该文件，此时为强行删除，不需要确认。

假设当前目录下存在一个名为abc的目录，在命令行中输入“rm-r abc”并回车，可删除该目录，但需要按“Y”键确认。

假设当前目录下存在一个名为abc的目录，在命令行中输入“rm-fr abc”并回车，可删除该目录，此时为强行删除，不需要确认。

在命令行中输入“rm-f a*”并回车，可强行删除当前目录下以字母a开头的所有文件，不需要确认。

注意：要删除文件或目录时首先要保证它们存在，不能删除一个不存在的对象。

⑧拷贝(cp)命令的操作如下。

假设当前目录下存在一个名为123的文件，在命令行中输入“cp 123 /var/ftp/pub”并回车，可把名为123的文件拷贝到pub目录下。

在拷贝时还可进行更名，在命令行中输入“cp 123 /var/ftp/pub/456”并回车，则文件123被拷贝到pub目录下的同时被更名为456。

若拷贝的是目录，则要加上参数“-r”，在命令行中输入“cp-r /var/ftp/pub /home”并回车，则把pub目录拷贝到了home下。

注意：要拷贝文件或目录时首先要保证它们存在，不能拷贝一个不存在的对象。

⑨移动(mv)命令的操作如下。

假设当前目录下存在一个名为123的文件，在命令行中输入“mv 123 /var/ftp/pub”并回车，可把名为123的文件移动到pub目录下。

移动时还可进行更名，在命令行中输入“mv 123 /var/ftp/pub/456”并回车，则文件123被移动到pub目录下的同时被更名为456。

移动目录时可进行同样的操作，不需要加参数，在命令行中输入“mv /var/ftp/pub /home”并回车，则把pub目录移动到了home下。

注意：要移动文件或目录时首先要保证它们存在，不能移动一个不存在的对象。

还可使用 mv 命令来对文件或目录进行更名，在命令行中输入“mv 123 456”并回车，则当前目录下的文件 123 被更名为 456。

⑩更改权限(chmod)命令的操作如下。

假设当前目录下存在一个名为 abc 的文件，使用命令“ls -l abc”可查看它的权限。

在命令行中输入“chmod 777 abc”并回车，对文件 abc 的权限进行更改。

使用命令“ls -l abc”来查看是否更改成功。

注意：4 代表“只读”，2 代表“可写”，1 代表“可执行”，数字可相加进行权限组合，如 7 代表“可读可写可执行”，而 777 代表所有用户对该文件都拥有“可读可写可执行”的权限。

⑪查看文本文件(cat/less)命令的操作如下。

在命令行中输入“cat /etc/passwd”并回车，可查看文本文件 passwd 的内容，但只能查看最后一页，只适合查看一屏以内的小文本文件。

在命令行中输入“less /etc/passwd”并回车，可使用上下光标键及上下翻页键来滚动查看文本文件 passwd 的全部内容，特别适合用于查看内容较多的大文本文件，查看完毕后按“Q”键退出。

⑫解压(tar)命令的操作如下。

假设当前目录下存在一个名为 abc. tar. gz 的压缩文件，可在命令行中输入“tar-zxvf abc. tar. gz”并回车来对文件进行解压。

若压缩文件的后缀为 bz2，则要输入“tar -jxvf abc. tar. bz2”来进行解压。

(3)在终端命令行中启动 vi 文本编辑器，并进行文本的添、删、查、改，以及保存、退出等基本操作。

具体操作步骤如下。

①创建文本文件的操作如下。

假设当前目录下不存在名为 abc 的文件，则输入“vi abc”并回车，可在当前目录下新建一个名为 abc 的文本文件，进入 vi 编辑器后，按“I”键进入插入模式(屏幕底端显示 INSERT)，此时可录入内容，在此录入一句“Hello world!”。

录入完成后按“Esc”键返回到命令状态，然后输入一个冒号，此时屏幕底行会出现一个“:”，在其后面输入“wq”并回车，可对文件进行存盘退出，若不想保存，则输入“q!”并回车，直接强行退出。

②打开文本文件的操作如下。

接着第①步创建的文本文件，在命令行中输入 “vi abc”并回车，可打开该文件，在屏幕上可看到刚才输入的内容。

③删除文本内容的操作如下。

为了方便，先拷贝一个系统中已有的文本文件来进行实验，执行命令“cp /etc/passwd /root/test”。

执行命令“vi /root/test”，使用 vi 打开它。

文件打开后，其内容显示在屏幕上，要对其中某一行进行删除，可在命令状态下(即非插入模式下)，把光标定位到想要删除的行(可使用上下光标键)，然后连续按两次“D”键即可删除该行。

要删除多行，可在按“D”键前加入要删除的行数，比如要连续删除7行，可把光标定位到要删除内容的首行，然后顺序按下“7”“D”“D”三个键即可。

要删除从光标位置开始至本行结尾的内容，可在定位好光标后，顺序按下“D”“$”两个键即可。

要删除从光标位置开始至本行开头的内容，可在定位好光标后，顺序按下“D”“0”两个键即可。

④拷贝文本内容的操作如下。

执行命令“vi /root/test”，使用vi打开文本文件test。

要拷贝某一行的内容，则在命令状态下，把光标定位到想要拷贝的行，然后连续快速按两次“Y”键，随后把光标定位到想要粘贴的地方，然后按一次“P”键即可完成拷贝。

要进行多行拷贝，可在顺序按下“Y”“Y”前加入要拷贝的行数，比如要连续拷贝6行，可把光标定位到要拷贝内容的首行，然后再顺序按“6”“Y”“Y”，随后把光标定位到想要粘贴的地方，然后按一次“P”键即可完成多行拷贝。可通过按“P”键进行多次粘贴。

⑤编辑文本内容的操作如下。

执行命令“vi /root/test”，使用vi打开文本文件test。

文本打开后，按一次“I”键进入插入模式(屏幕底端显示INSERT)，此时可使用键盘上的光标键来定位光标位置，利用上下翻页键来进行文本查看。

要增加文本内容，可把光标定位在要加入的位置，然后通过键盘录入内容即可。

要删除某些内容，可利用光标键、删除键及退格键来完成。

编辑操作完成后，参照第①步进行存盘退出的操作。

⑥字符串查找的操作如下。

执行命令“vi /root/test”，使用vi打开文本文件test。

在底行模式下输入“/var”并回车，则可查找到文本中自光标处开始向下出现的第一个var字符串，找到后光标会移动到该行。

要继续查找，按“N”键即可。

要向上查找，把“/var”中的“/”符号换成“?”即可，如“?var”。在键盘上，“?”在上，所以是向上查找，“/”在下，所以是向下查找。

⑦字符串替换的操作如下。

执行命令“vi /root/test”，使用vi打开文本文件test。

在底行模式下输入“%s/var/abc”并回车，可把本行中的第一个var替换为abc。

在底行模式下输入“%s/var/abc/g”并回车，可把本行中的所有var替换为abc。

在底行模式下输入“1,20s/var/abc/g”并回车，可把1～20行中的所有var替换为abc。

⑧设置行号的操作如下。

执行命令“vi /root/test”，使用vi打开文本文件test。

在底行模式下(在命令状态下输入一个冒号),输入“set nu”并回车,可显示出行号,便于查找操作,行号本身并不会加入到实际的文本文件中。

要跳转到某行,直接在底行模式下输入行号并回车即可,要跳转到最后一行,输入“$”并回车,要跳转到第一行,输入“0”并回车即可。

要取消行号显示,在底行模式下输入“set nonu”并回车即可。

以上是使用 vi 进行的基本操作。其实在 Linux 系统中还可以使用 vim,它的功能与 vi 一致,但在文本的显示上使用了颜色来加以区分,特别适合程序编辑。

实验二　嵌入式系统开发环境的搭建

一、实验目的

(1)掌握嵌入式系统开发环境的搭建方法。

(2)掌握相关工具软件的使用方法。

二、实验设备

(1)PC。

(2)相关工具软件。

(3)嵌入式系统实验箱。

(4)相关通信电缆。

(5)仿真器(可选)。

三、实验性质

验证性实验。

四、实验内容

(1)安装 VMware 虚拟机。

(2)在虚拟机中安装 Linux 系统。

(3)安装工具软件 tftpd、8uftp、SecureCRT、SourceInsight、ARM-MDK 并进行相关配置。

(4)连接 PC 和嵌入式系统实验箱的相关线路。

(5)对 FTP、Samba、NFS 等服务进行相关配置。

(6)烧写 Kernel 及根文件系统并进行相关配置。

(7)在 Linux 系统命令行下使用 U 盘等外部存储器。

五、实验原理

嵌入式系统开发依赖于计算机、实验箱(或开发板)和相关软件的支持,通过对各类软件的安装及配置,以及对计算机与实验箱(或开发板)的线路进行连接,才能搭建出嵌入式系统开发的基本环境。

六、实验步骤

(1)在 PC 上安装虚拟机,推荐使用 VMware 虚拟机系统。

具体安装步骤如下。

①对 VMware 系统进行常规安装,这里选用 9.0.2 的版本,若没有特殊要求,对安装选项均可采用默认值进行。

②启动 VMware 系统,其程序界面如图 2.1 所示。

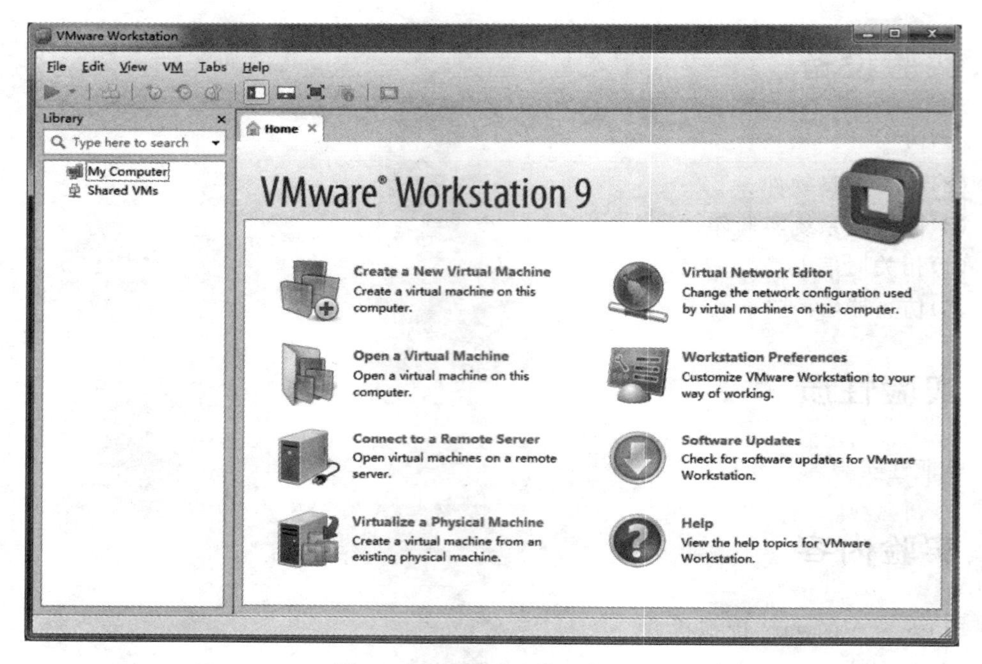

图 2.1 VMware 系统程序界面

③点击其中的第一项"Create a New Virtual Machine",创建一个新的虚拟机系统,在弹出的对话框中选择"Typical(recommended)"默认选项,点击"Next"按钮。

④选择安装来源,这可通过光盘或系统映像文件进行安装,这里先不进行安装,选择"I will install the operating system later"选项,点击"Next"按钮。

⑤在弹出的对话框中选择要安装的操作系统,这里选择"Linux"系统,并在 Version 中选择"CentOS",点击"Next"按钮。

⑥设置虚拟机的名称及文件存储位置,这里名称定为"CentOS",路径可取默认值,设置好后,点击"Next"按钮。

⑦在弹出的对话框中设置硬盘容量,这里可视 PC 硬盘容量而定,一般选取 20G 便足够了,然后选择"Split virtual disk into multiple files"一项,把镜像文件分成多个文件,以提高文件系统的兼容性,点击"Next"按钮。

⑧在弹出的对话框中,点击"Customize Hardware"按钮,进行机器硬件的自定义配

置，可把不需要的硬件通过“Remove”功能移除，只留下有用的硬件，如图 2.2 所示。

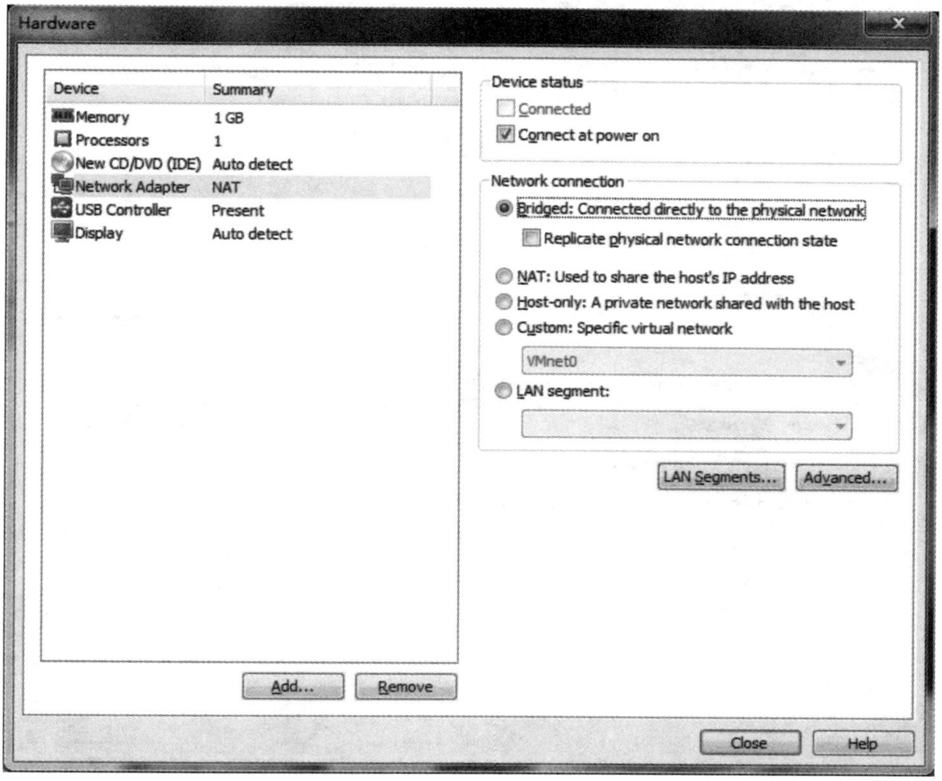

图 2.2　硬件的自定义配置

⑨特别要注意的是网络配置，必须选择“Bridged”选项，否则后面可能会出现网络不通的问题，设置完成后，点击“Close”按钮，关闭对话框，最后点击“Finish”按钮关闭配置对话框。

⑩点击菜单“Edit”，选择“Virtual Network Editor”命令，打开虚拟网络编辑的对话框，其内容只保留图 2.3 所示的项目，其余的全部移除掉。

⑪点击“OK”按钮结束整个虚拟机的配置。

(2)在 VMWare 中安装 Linux 系统，并对其进行配置以保证能顺利使用，推荐使用 CentOS 虚拟机。

具体安装步骤如下。

①这里使用 CentOS6.6 的 Linux 版本进行安装，为了节约电脑系统资源，保证 Linux 系统顺畅运行，只安装字符界面(RunLevel 3)，不安装桌面环境。

②安装可通过光盘或映像文件进行，放入 CentOS6.6 的第 1 张光盘(或载入映像文件)，启动刚才配置好的 CentOS 虚拟机(点击“Power on this virtual machine”选项)，过一会儿便进入安装 Linux 的欢迎界面，用上下光标键选中第一项“Install or upgrade an existing system”，然后回车继续(注：按“Ctrl+G”进入虚拟机界面，按“Ctrl+Alt”返回 PC)。

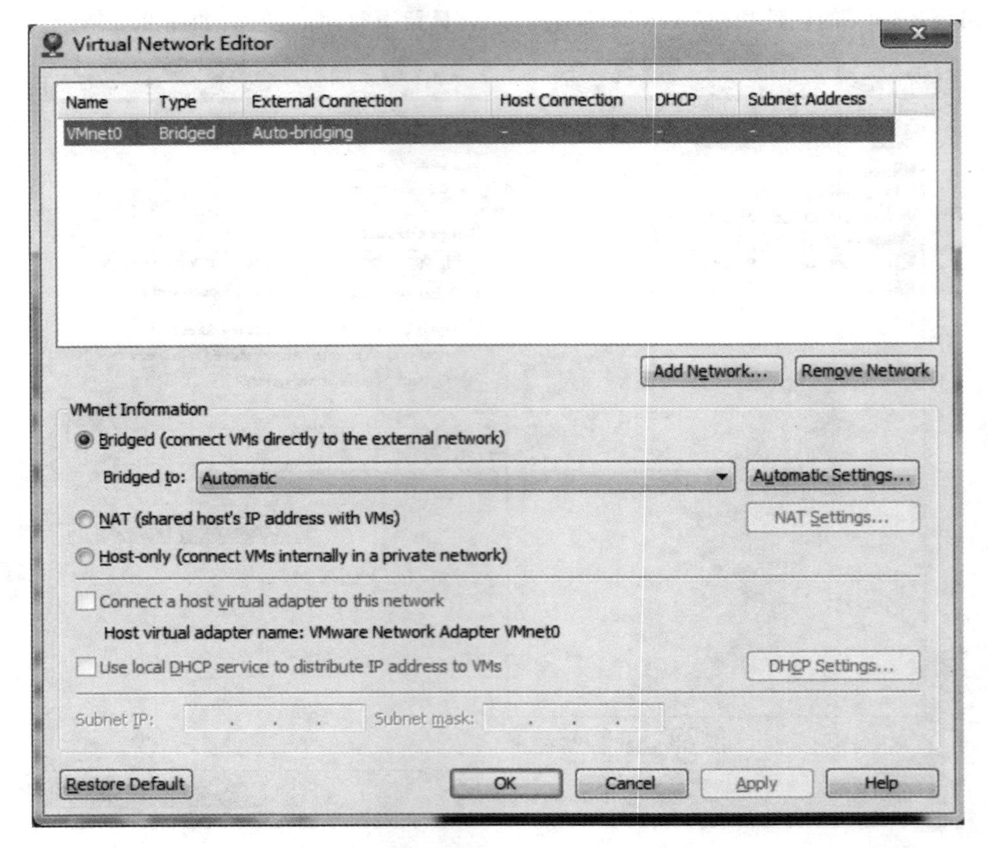

图 2.3　虚拟网络编辑对话框

③随后进入安装盘检测界面，这里不用检测，按“Skip”键跳过(注:用“Tab”键选择，回车键确认)。

④在新出现的界面中，点击“Next”按钮继续。

⑤选择安装时的提示语言，默认使用英文，点击“Next”按钮继续。

⑥选择键盘，这里就使用默认的美式键盘，点击“Next”按钮继续。

⑦选择安装的存储装置，默认选择“Basic Storage Devices”系统，点击“Next”按钮继续。

⑧出现警告后，点击“Yes，discard any data”选项继续。

⑨设置主机名称，一般使用默认值即可，点击“Next”按钮继续。

⑩选择时区，这里选择“Asia/Shanghai”选项，点击“Next”按钮继续。

⑪系统提示要输入 root 密码，密码不能为空，输入“123456”即可，点击“Next”按钮后会出现警告，提示密码太简单，不用在意，点击“Use Anyway”选项继续。

⑫进行硬盘分区，这里选择自定义分区，即选择“Create Custom Layout”选项，点击“Next”按钮继续。

⑬在接下来的界面中，点击“Create”按钮新建分区，在弹出的对话框中默认选择“Standard Partition”选项，点击“Create”按钮，弹出新建分区对话框，这里先新建 boot 分

区，配置可参照图 2.4 进行，完成后点击“OK”按钮退出。

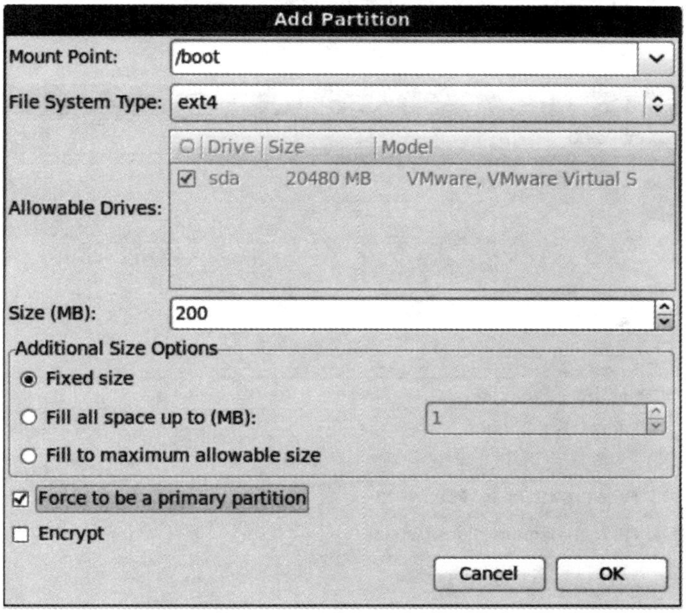

图 2.4　boot 分区的配置参数

⑭点击“Create”按钮新建交换分区，同样选择“Standard Partition”选项，点击“Create”按钮，弹出新建分区对话框，交换分区的配置可参照图 2.5 进行，完成后，点击“OK”按钮退出。

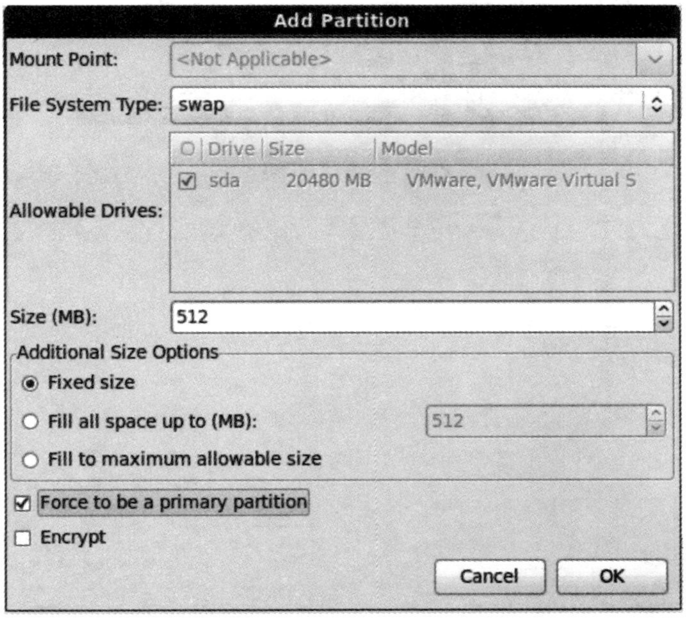

图 2.5　交换分区的配置参数

⑮点击"Create"按钮新建根分区，同样选择"Standard Partition"选项，点击"Create"按钮，弹出新建分区对话框，根分区的配置可参照图 2.6 进行，完成后，点击"OK"按钮退出。

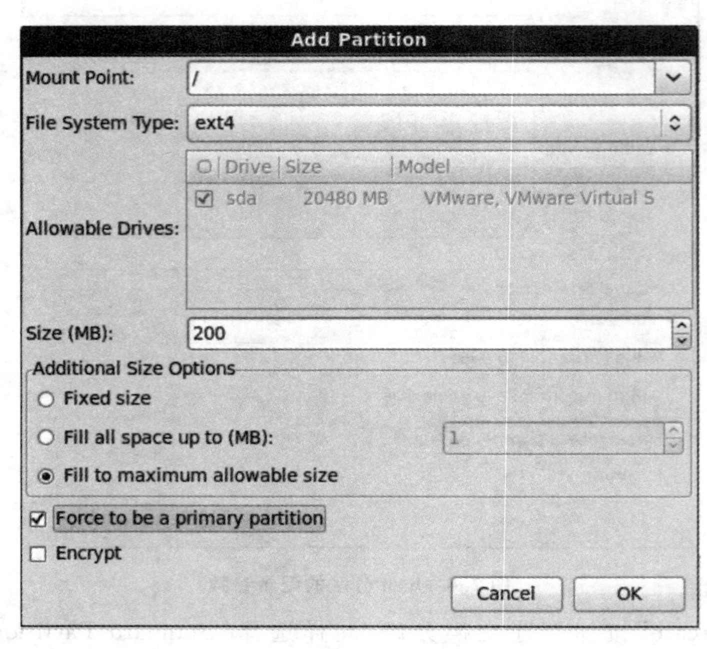

图 2.6　根分区的配置参数

⑯全部分区配置完成后的界面如图 2.7 所示，确认后，点击"Next"按钮继续。

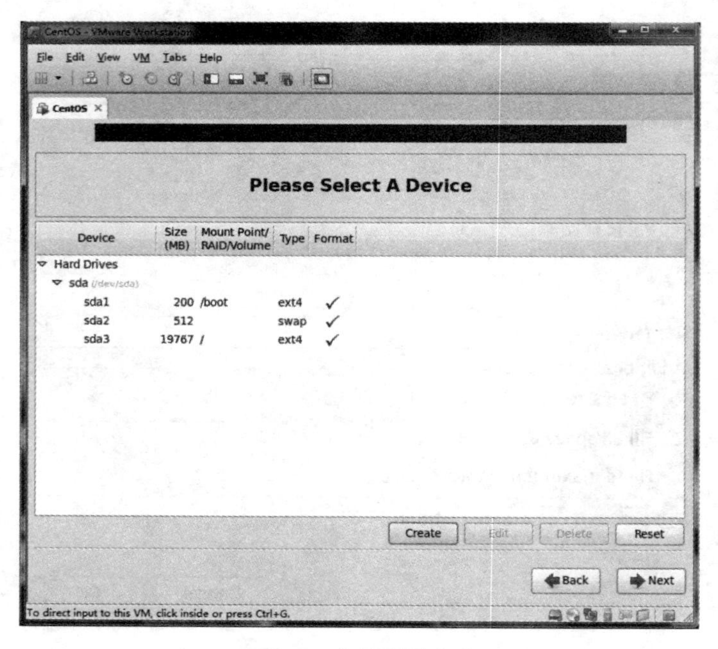

图 2.7　分区配置完成

⑰出现格式化警告后，点击“Format”按钮对分区进行格式化。

⑱再次出现警告后，点击“Write changes to disk”选项继续。

⑲格式化完成后，会出现 Boot loader 选择对话框，此处全部按默认值，点击“Next”按钮继续。

⑳出现安装模块选项对话框，这里全部采用自定义方式，点击选择“Customize now”选项，然后点击“Next”按钮继续。

㉑弹出自定义选择对话框，如图 2.8 所示，左边为分类，右边为具体的安装模块。

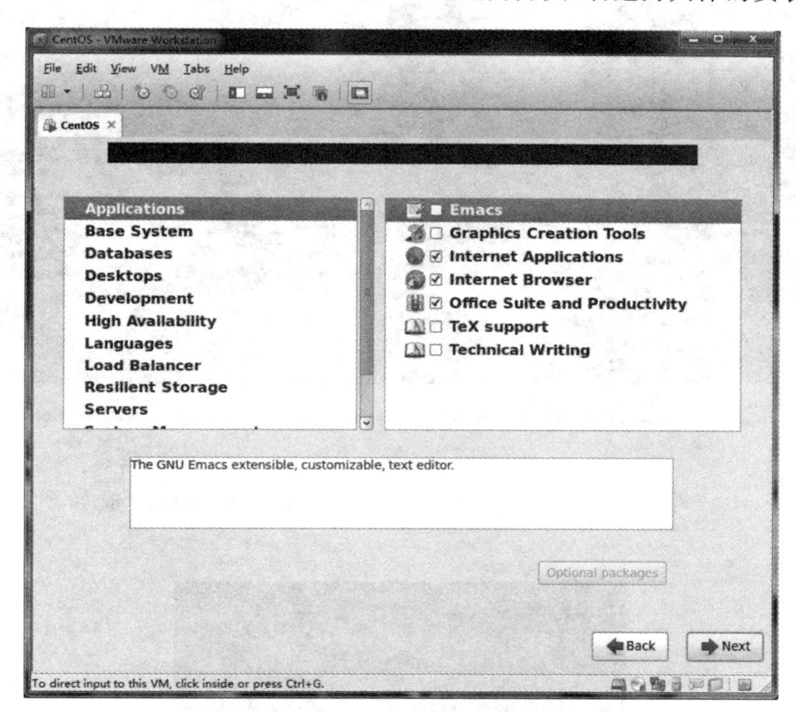

图 2.8　自定义选择对话框

㉒在“Base System”分类中，勾选 Base、Compatibility Libraries、Console Internet Tools、Debugging Tools、Directory Client、Network File System Client、Networking Tools 等选项。在“Development”分类中，勾选 Additional Development、Development Tools、Server Platform Development 等选项。在“Server”分类中，勾选 CIFS File Server、Directory Server、FTP Server、NFS File Server、Network Infrastructure Server、Server Platform、System Administration Tools 等选项，其余分类及项目均不用勾选（注意还要取消原来默认勾选的项目），点击“Next”按钮继续。

㉓这时系统会进行软件安装，需要耐心等待一定时间，结束后点击“Reboot”按钮重启系统。

㉔重启完成后以 root 身份登录进入，输入“ifconfig”并回车，可看到当前还未给网卡配置 IP 地址，如图 2.9 所示。

㉕在命令行下输入“cd /etc/sysconfig/network-scripts”并回车，进入网络配置目录，

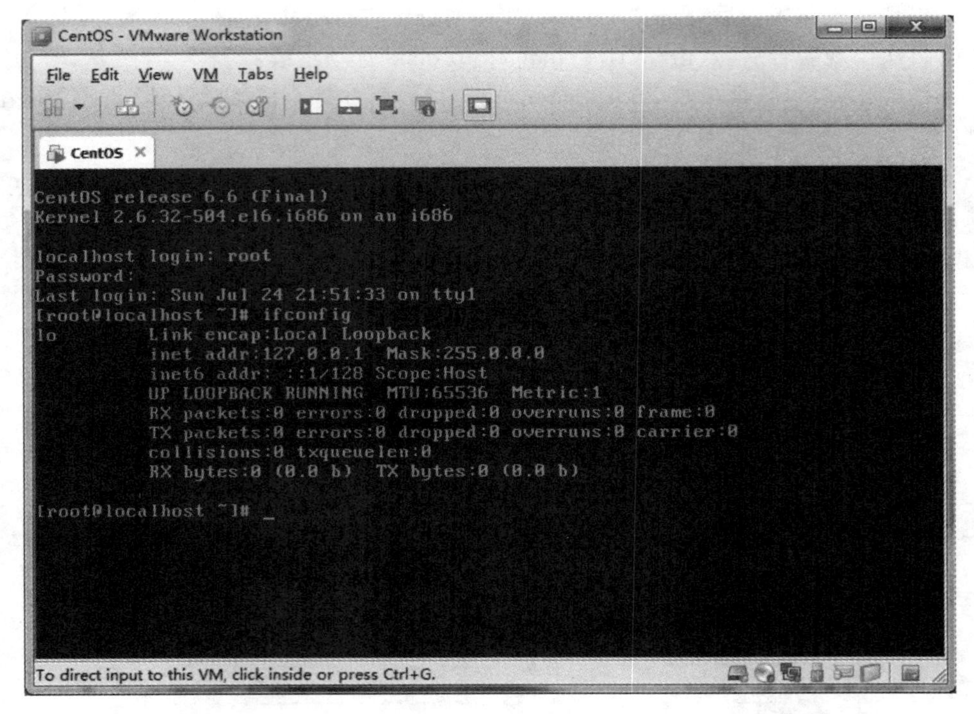

图 2.9　登入系统

输入“vi ifcfg-eth0”并回车，打开网卡配置文件，把其中的内容改成如图 2.10 所示的形式。

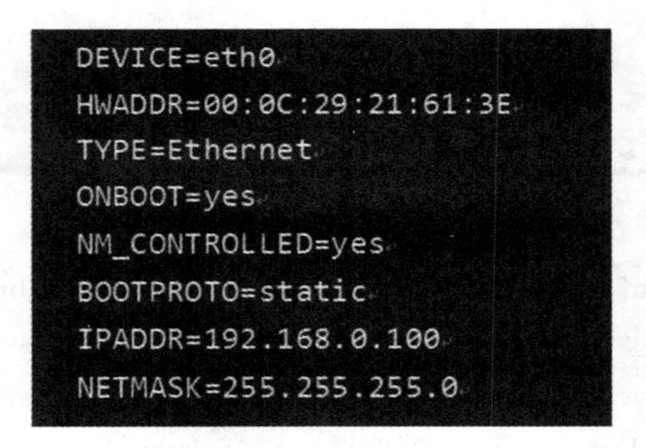

图 2.10　网卡配置

㉖修改时要注意大小写，其中第二行“HWADDR=”后面是网卡的 MAC 地址，要按实际值填写，而不能照抄此例中的值，在刚打开的文件中有该地址，不用更改它。

㉗完成后存盘退出，然后输入“reboot”重启一次系统。

㉘重启完成后，再次执行上面的第㉔步，可以看到多出了一项“eth0”，表明已经给网卡 eth0 绑定了一个静态的 IP 地址 192.168.0.100。

㉙关闭防火墙，在命令行下输入“ntsysv”并回车，用上下光标键找到 ip6tables 和 iptables 两项，利用空格键把前面的“*”去掉，然后点击“OK”，利用“Tab”键退出。

㉚禁用 Linux 下的 SELINUX 服务，在命令行下输入 “vi /etc/selinux/config”并回

车，打开配置文件，在其中找到“SELINUX＝enforcing”这一项，把它改成“SELINUX＝disabled”，然后存盘退出。

㉛输入“reboot”再重启一次系统，Linux 就配置完成了。

(3)在 PC 上安装相关工具软件，如 tftpd、8uftp、SecureCRT、SourceInsight、ARM-MDK 等，并进行配置以保证能顺利使用(注：进行网络操作时最好关掉 PC 端的防火墙)。

具体安装步骤如下。

①常规安装 tftpd 软件(也可使用绿色免安装版)，注意如果操作系统是 64 位的，则应尽量安装 tftpd64 软件。

②tftpd 软件安装完成后，运行它，点击“Browse”按钮，选定下载目录，同时在“Server interfaces”选项中选择有线网络(即连接实验箱的网络)接口的 IP 地址，其他选项采用默认设置，如图 2.11 所示。

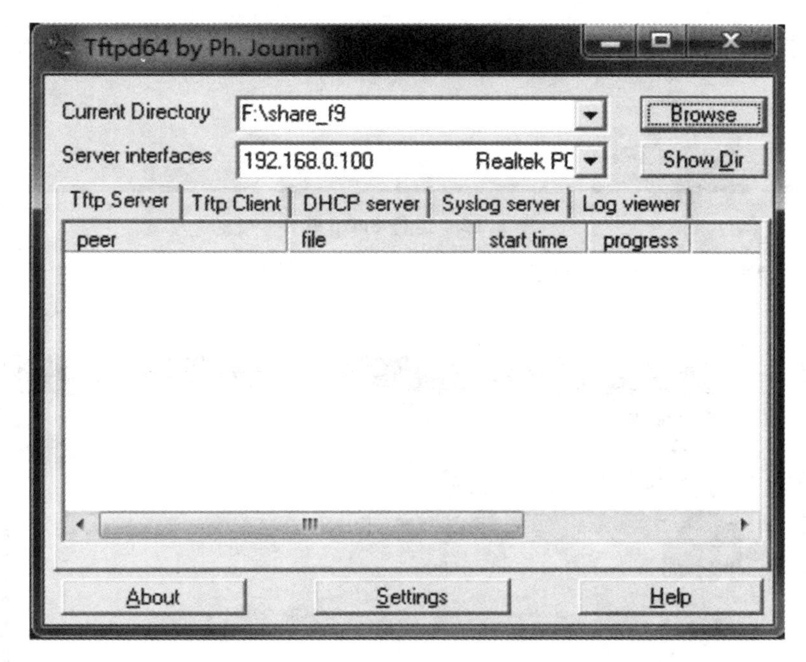

图 2.11　运行 tftp 软件

③tftpd 软件提供了临时的 tftp 服务器功能，在整个服务期间不要关闭它，在传输文件时，软件会显示出相关信息。

④8uftp 软件为一款绿色免安装软件，它提供 ftp 的客户端服务功能，可用于连接虚拟机或实验箱，运行软件后界面如图 2.12 所示。

⑤在地址栏中输入 ftp 服务端的 IP 地址，用户名是要访问的 ftp 用户账户，密码要输入正确，端口默认为 21，点击“连接”按钮，连接成功后在“远程”选项卡窗体中会显示出服务器端的 ftp 目录情况。

⑥连接后可直接在“本地”选项卡窗体和“远程”选项卡窗体之间拖曳文件或目录。

⑦SecureCRT 软件提供了多种终端连接功能，在嵌入式系统开发中常用它来提供串口的终端服务，同时也可用它来实现 SSH 的远程连接服务。

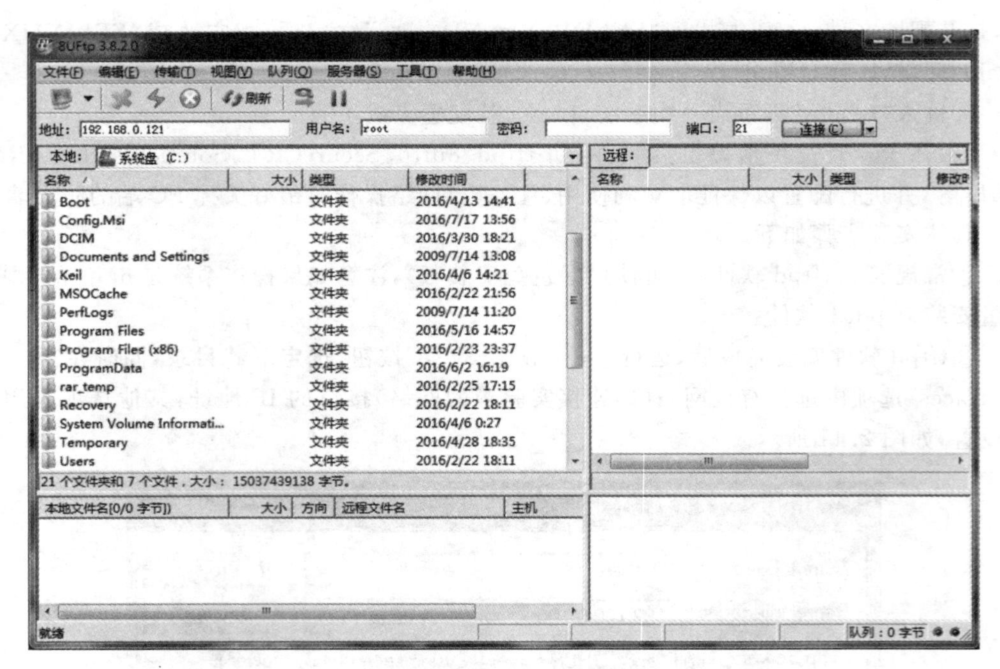

图 2.12　运行 8uftp 软件

⑧按常规程序安装 SecureCRT 软件并运行它，图 2.13 所示的是它首次运行时的界面。

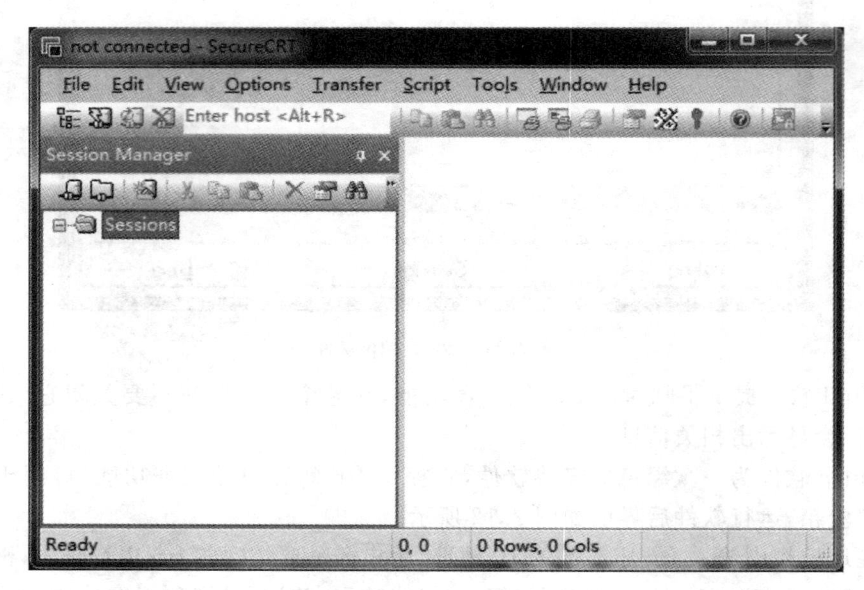

图 2.13　运行 SecureCRT 软件

⑨在工具条上点击第二个按钮“Quick Connect”(或直接按“Alt＋Q”键)，弹出“Quick Connect”对话框，此处按图 2.14 进行设置。

⑩点击“Connect”按钮后，就连接到了实验箱上，将显示实验箱中运行的 Linux 系统，

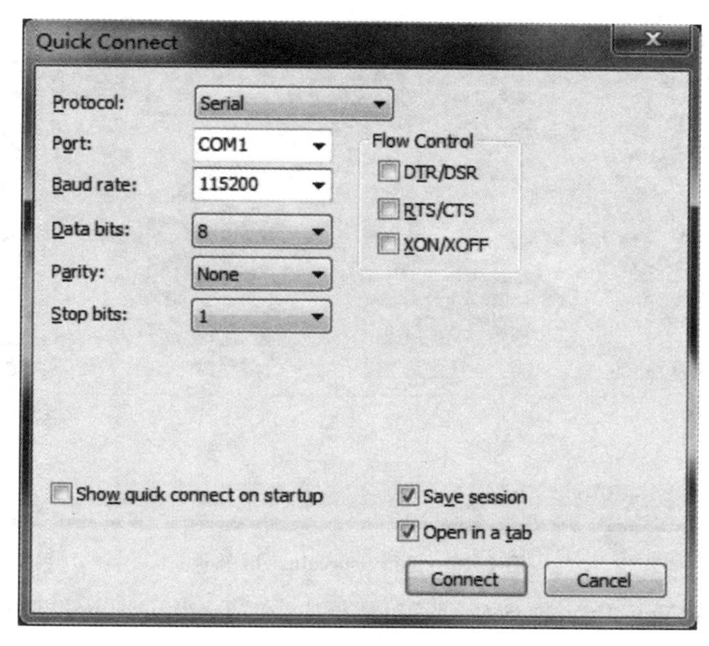

图 2.14　参数设置

并可远程进行操作，如图 2.15 所示。

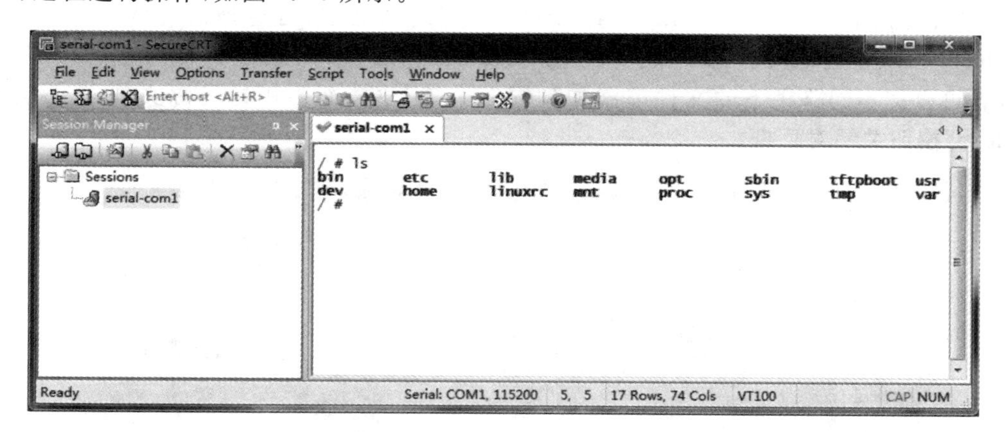

图 2.15　实验箱中运行的 Linux

⑪之后运行 SecureCRT 时，只需要双击左边的“serial-com1”标签就可连接上实验箱，然后按一下回车键就可以看到内容了。

⑫SecureCRT 的 SSH 连接请自行研究配置。

⑬SourceInsight 软件是一款功能强大的编辑软件，这里主要用它来管理 Linux 的内核源代码，以方便查询和编辑。

⑭按常规程序安装 SourceInsight 软件并运行它，图 2.16 所示的是它首次运行时的界面。

⑮点击菜单 Project，选择 New Project 命令，创建一个工程，在弹出的对话框中输入工程名称(如“MyLinux”)，点击“OK”按钮。

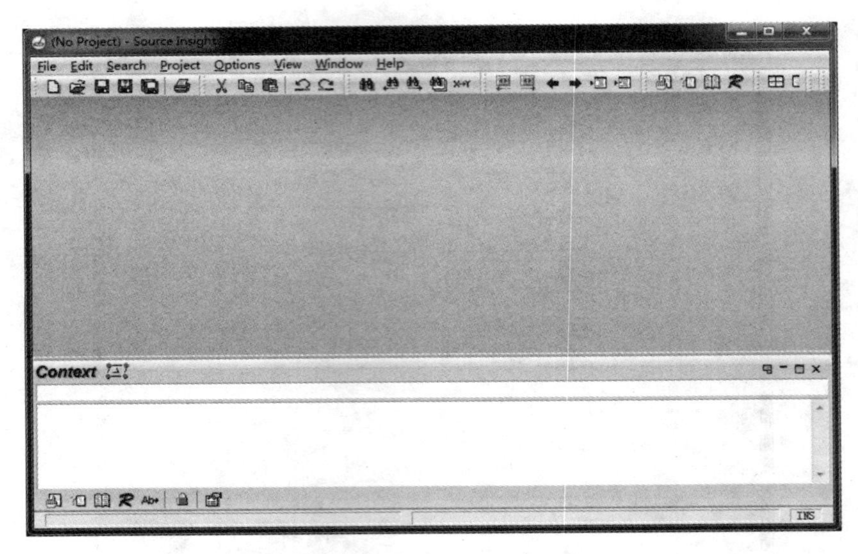

图 2.16　运行 SourceInsight 软件

⑯在弹出的“New Project Settings”对话框中，在“Configuration”部分可以选择工程是使用全局配置文件，还是使用自己单独的配置文件，这里最好选择单独的配置文件，其余部分采用默认值即可，点击“OK”按钮。

⑰在弹出的“Add and Remove Project Files”对话框中，可选择需要的文件添加到 Project 中，从左边的树状图中找到要添加的文件，点击“Add”按钮就可以了，如图 2.17 所示，可以把不同路径下的文件都添加到同一个工程中，而不用拷贝源文件，完后点击“Close”按钮关闭对话框。

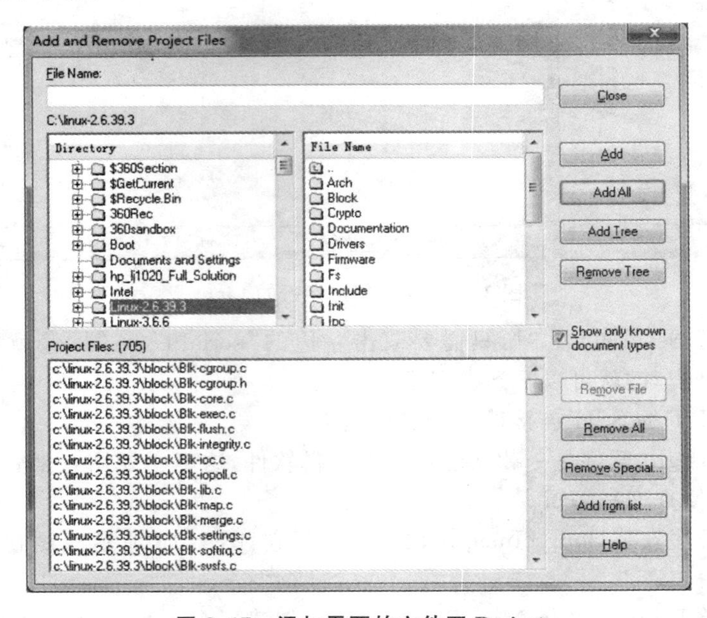

图 2.17　添加需要的文件至 Project

⑱导入文件后，在右边的列表中双击要查看的程序文件，即可展开文件进行显示，如图 2.18 所示。

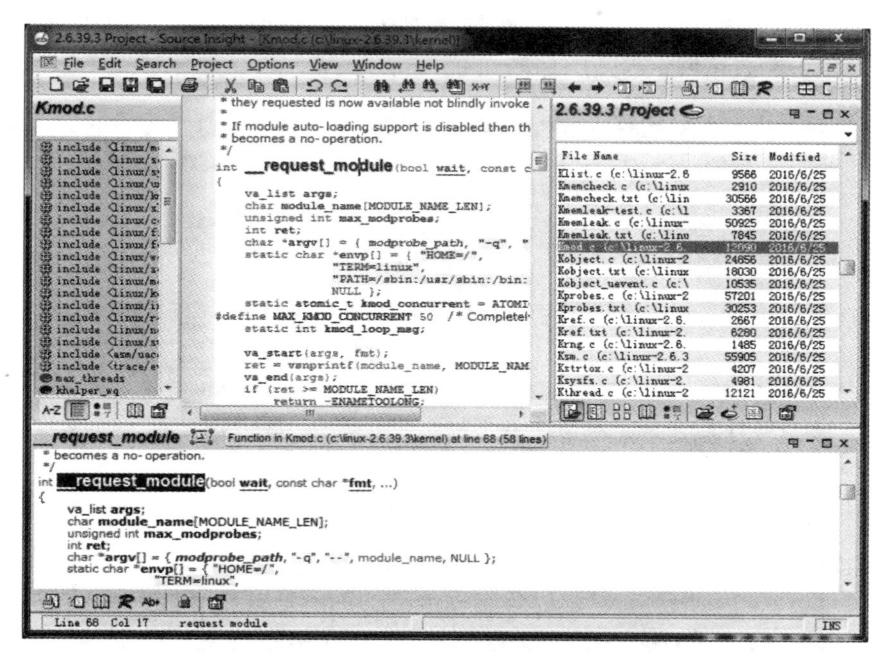

图 2.18　文件成功导入

⑲为了建立文件之间的关联，需要同步一下整个工程的文件，点击菜单 Project，选择 Synchronize Files 命令，在弹出的对话框中勾选需要的选项，然后点击"OK"按钮，首次进行会需要一定的时间。

⑳SourceInsight 软件功能非常强大，本书不做过多介绍。

㉑ARM-MDK 软件主要用来开发裸机程序，这里选择 μVision4 版本，按常规程序安装 ARM-MDK 并运行它，图 2.19 所示的是它首次运行时的界面。

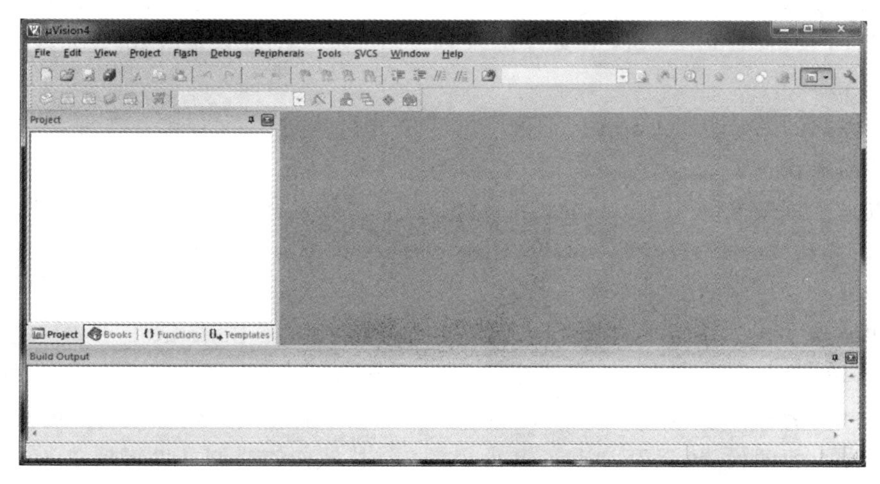

图 2.19　运行 ARM-MDK 软件

㉒点击菜单 Project，选择 New μVision Project 命令，创建一个工程，在弹出的对话框中给工程选择路径并输入一个名称(如“first”)，点击“Save”按钮。

㉓在弹出的对话框中，要求选择开发器件，找到“Samsung”并展开它，选择“S3C2410A”选项，点击“OK”按钮，如图 2.20 所示。

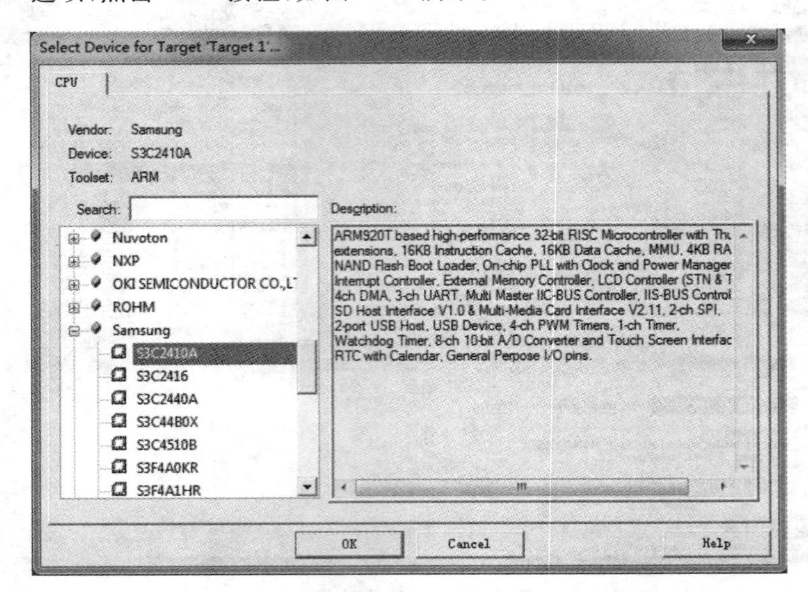

图 2.20 选择开发器件

㉔随后系统会询问是否要拷贝启动代码到工程中，点击“Yes”按钮。

㉕点击菜单 File，选择 New 命令(或点击工具条上的“New”按钮)，新建一个程序文本文件，在其中输入程序代码，然后点击菜单 File，选择 Save 命令(或点击工具条上的“Save”按钮)，在弹出的对话框中输入程序文本的名称(注意要加上扩展名，如“test.c”)。

㉖展开左边的“Target 1”下拉列表，在下面的“Source Group 1”选项上双击，弹出“Add Files to Group ‘Source Group 1’”对话框，定位到刚才程序文件保存的目录，找到 test.c 文件，点击“Add”按钮，把文件加入到工程中去(注意只能点击一次)，然后点击“Close”按钮退出。

㉗在左边的“Source Group 1”选项下双击刚才导入进来的 test.c 文件，这样就进入到程序的编辑状态了。

㉘点击工具条上的“Options for Target”按钮(或直接按“Alt+F7”键)打开一个配置对话框，切换到“Output”标签页，勾选“Create HEX file”及“Create Batch file”选项，以生成十六进制及二进制的烧写文件。

㉙切换到“User”标签页，在“Run User Programs After Build/Rebuild”一栏的“Run #1:”后面输入“fromelf.exe-bin-o ./first.bin ./first.axf”(注意，此处的 first 应该与实际的生成文件名称一致，默认生成文件名称为工程文件名称)，并勾选其前面的复选框。

㉚通过上面的设置，就可以让 Keil 生成的 axf 格式的二进制文件转换成 bin 格式，以支持 S3C2410 的下载。

㉛切换到“Target”标签页，在这里可根据实际需要，对 ROM 区和 RAM 区的地址进行设置，以适应应用程序的个体要求。

(4)连接 PC 和嵌入式系统实验箱的相关线路，如网线、串口通信线、并口线，以及仿真器等。

具体连接步骤如下。

①利用并口电缆线连接好 PC 与实验箱并上紧。

②利用串口电缆线连接好 PC 与实验箱并上紧。

③利用对调网线连接好 PC 与实验箱并插紧。

④把仿真器的 USB 端口利用 USB 线连接到 PC 的 USB 端口，JTAG 端口使用排线连接到实验箱。

⑤以上第①和第④步应根据具体情况选择是否有必要进行。

(5)在 PC 与嵌入式系统实验箱之间用 FTP 进行文件传输，用串口终端进行控制操作；在 PC 与虚拟机之间用 Samba 进行共享通信；在虚拟机与嵌入式系统实验箱之间用 NFS 进行共享通信。

具体操作步骤如下。

①PC 与实验箱之间通过 FTP 进行文件传输，这里利用 8uftp 软件来实现，详见实验步骤(3)中的第④步至第⑥步。

②用串口终端进行控制操作，这里利用 SecureCRT 软件来实现，详见实验步骤(3)中的第⑦步至第⑪步。

③在 PC 与虚拟机之间用 Samba 进行共享通信，需要在虚拟机的 Linux 系统中进行 Samba 服务配置。首先要确认 Linux 系统中安装了 Samba 服务并能开机自启动，在命令提示符下输入“ntsysv”并回车，找到“smb”选项，并确认已勾选(利用空格键)，如图 2.21 所示。

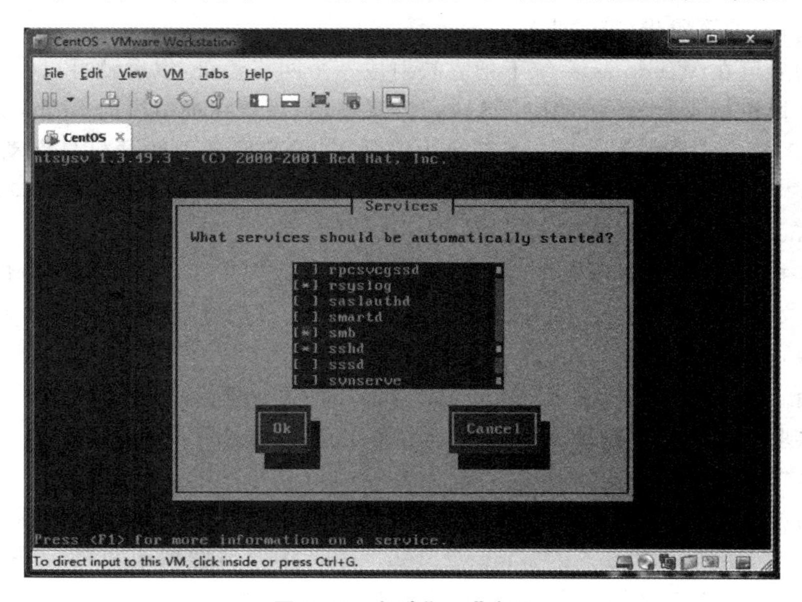

图 2.21　勾选“smb”选项

④返回到命令提示符，输入“mkdir /share”并回车，建立 Samba 共享目录，输入“chmod 777 /share”并回车，让 share 目录拥有所有权限。

⑤在命令提示符下输入“cd /etc/samba”并回车，进入到 Samba 服务的配置目录，用 vi 打开配置文件 smb. conf，在“[global]”项下找到“workgroup = MYGROUP”，将其改成“workgroup = WORKGROUP”，并确保这一行没有被注释掉，然后回车再加入一行，内容为“null passwords=yes”。

⑥再从下面找到“security=user”，将其改成“security =share”，同样要确保这一行没有被注释掉。

⑦继续往下找，大约快到结尾处会找到像“# ==== Share Definitions ====”这样的一行，其下面有[homes]、[printers]、[netlogon]、[profiles]、[public]等项目内容，把这些内容全部注释掉(也可全部删掉)，然后在末尾处增加一段如图 2.22 所示的内容，最后存盘退出。

```
[share]
	comment = share
	path = /share
	public = yes
	writable = yes
	browseable = yes
	available = yes
	guest ok = yes
```

图 2.22　smb. conf 文件增加内容

⑧重启一次 Samba 服务，输入“service smb restart”并回车即可。

⑨在 PC 上打开运行对话框(可直接按“开始+R”键)，输入“\\192. 168. 0. 100\share”并回车，即可打开 Linux 系统下的 share 目录(注:此处的 IP 地址应为 Linux 系统的实际 IP 地址)。

⑩若访问不了或系统提示没有权限访问，很可能是防火墙没关闭。Windows 的防火墙要关闭，Linux 系统下的防火墙也要关闭(详见实验步骤(2)中的第㉙步、第㉚步)。

⑪成功后可在 Windows 系统下把它映射成一个网络盘符，以后就可以随意使用了。

⑫在虚拟机与实验箱之间用 NFS 进行共享通信，需要在虚拟机的 Linux 系统中进行 NFS 服务配置。首先要确认 Linux 系统中安装了 NFS 服务并能开机自启动，在命令提示符下输入“ntsysv”并回车，找到“nfs”选项并确认其已勾选(同时还要确保勾选上 netfs、nfslock 及 network 选项)，如图 2.23 所示。

⑬在虚拟机的 Linux 系统中，输入“vi /etc/exports”并回车，打开 NFS 的配置文件 exports，该文件默认是空的。加入如图 2.24 所示的一行内容，把“/share”目录作为 NFS 的共享目录，存盘退出。

⑭重启一次 NFS 服务，输入“service nfs restart”并回车。

⑮在实验箱的 Linux 系统下建立一个挂载目录，新建的目录放在 mnt 目录下，在 mnt 目录下输入“mkdri share”并回车。

⑯进行挂载操作，在实验箱的 Linux 命令提示符下，输入如图 2.25 所示的命令后回车。若成功，则会把实验箱下的“/mnt/cdrom”目录挂载到虚拟机里的“/share”目录下(注:图中的 IP 地址应为虚拟机中 Linux 系统的实际 IP 地址)。

⑰如果在执行上述命令后挂载未成功，或挂载后出现问题，可尝试在挂载时强制指定

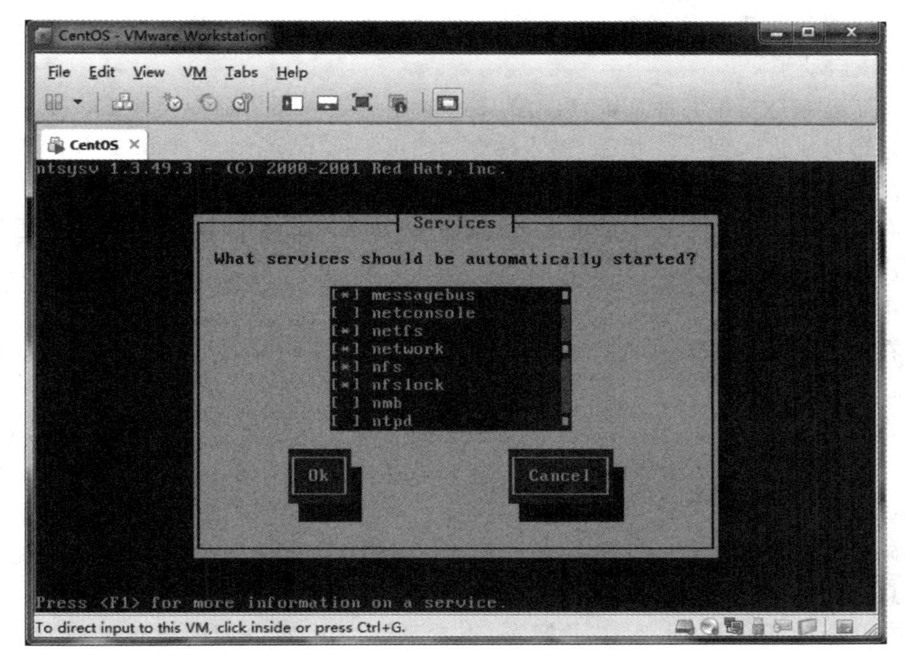

图 2.23　勾选“nfs”相关选项

```
/share *(rw,sync,no_root_squash)
```

图 2.24　exports 文件录入内容

```
mount -t nfs -o nolock, 192.168.0.100:/share /mnt/share
```

图 2.25　挂载方式一

读/写数据块的大小，把上述挂载命令改成如图 2.26 所示的形式试一试。

```
mount -t nfs -o nolock, rsize=4096 192.168.0.100:/share /mnt/share
```

图 2.26　挂载方式二

⑱挂载成功后，在 PC 的网络盘符下（或虚拟机中的“/share”目录下）拷入一个文件，则在实验箱的“/mnt/share”下即可看到该文件。

(6)对嵌入式系统实验箱进行 Kernel 及根文件系统的烧写，并进行相关配置以保证其能顺利使用（注：本步骤在 XP 系统下进行）。

具体操作步骤如下。

①在 PC 上启动 tftpd 软件，把下载目录指向内核文件 zImage 所在的目录（实验箱配套光盘的 Linux/img 目录），并确保 PC 的 IP 地址为 192.168.0.200。

②在实验箱 vivi 状态下输入命令“tftp flash kernel zImage”并回车，若一切正常，则会出现下载进度并很快完成。下载后会自动对内核进行烧写，此时需要等待一定的时间，

确保烧写完成后可重启实验箱(可按“Reset”键),若烧写正常,则过一会儿就可以看到 Linux 内核启动了。

③由于还未烧写根文件系统,启动的 Linux 系统进入不了命令行模式。重启实验箱并按任意键再次进入到 vivi 状态,输入命令 “tftp flash root root. cramfs”并回车进行根文件系统的下载及烧写,完成后重启实验箱即可进入 Linux 命令行。

④在实验箱上进入 Linux 系统后,输入命令“ifconfig”并回车,会发现此时还没有网络。依次输入两条命令:“ifconfig eth0 192. 168. 0. 121”、“inetd”,这样就可以通过该 IP 地址来进行通信了。

⑤在 PC 上可以通过 ftp 的方式来访问实验,访问的 IP 地址为 192. 168. 0. 121,用户名为 root,密码为空。

(7)在 Linux 系统命令行下使用 U 盘等外部存储器(注:本步骤中 U 盘为 FAT32 格式)。

具体操作步骤如下。

①确保当前状态在虚拟机的 Linux 系统中。在 PC 上插入 U 盘,Linux 系统会显示一些信息,此时直接回车就可以看见命令提示符。

②在命令行下输入“fdisk -l”并回车,查看系统为 U 盘分配的设备名称,如图 2. 27 所示。

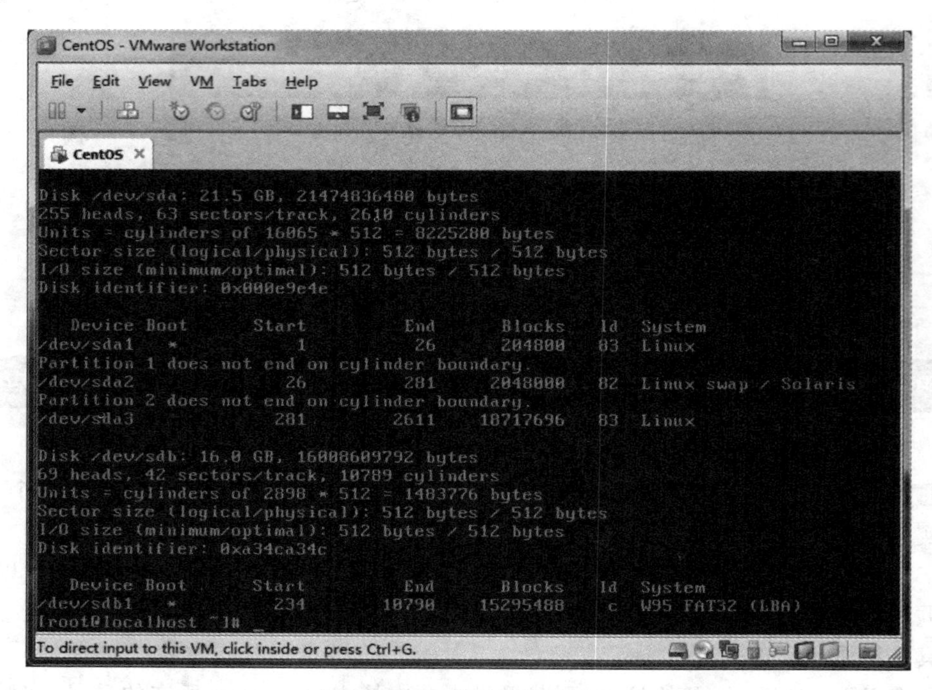

图 2. 27 查看系统分区情况

③如图 2. 27 所示,U 盘的设备名称为 sdb1,接下来要挂载这个设备,在命令行下输入“mount -t vfat /dev/sdb1 /mnt/cdrom”并回车,若没有异常情况,就可以进入/mnt/cdrom 目录来访问 U 盘。

④使用完毕后，需要反挂载（即卸载）U 盘，才能将 U 盘拔出。先在命令行下输入"cd /"并回车，返回到根目录（不允许在 U 盘的目录下进行卸载），而后执行命令"umount /dev/sdb1"即可拔出 U 盘了。

⑤点击虚拟机右下角处由右向左数的第三个图标（指向它会显示出 U 盘名称），可让 U 盘在虚拟机和 PC 之间进行切换。

实验三　裸机跑 LED 控制

一、实验目的

(1)掌握 ARM 处理器 I/O 口的控制方法。

(2)掌握裸机程序的开发方法。

二、实验设备

(1)PC。

(2)嵌入式系统实验箱。

三、实验性质

验证性实验。

四、实验内容

(1)分析 LED 的接口电路。

(2)分析所涉及的端口寄存器配置。

(3)编写程序并下载到实验箱中运行。

五、实验原理

CPU 的运行规则由其内部的各个寄存器来决定,端口电平的变化同样依赖于端口寄存器的配置。本实验采用无操作系统方式,直接通过 C 程序控制芯片的端口电平,为后续 Linux 驱动开发打下基础。

六、实验步骤

(1)根据嵌入式系统实验箱的结构,选用其中接有 LED 的一个 I/O 口,分析其亮/灭的条件,并确定对应的 I/O 口的电平状态。

具体操作步骤如下。

①此处以“博创嵌入式系统实验箱”为例。打开实验箱配套的光盘,进入目录“经典开发平台硬件文档\经典平台原理图\底板”,找到一个名为 Device. Sch 的 PDF 文件并打开它,在其中找到三个发光二极管的部分,选取 LED1 来进行本次实验,电路如图 3.1 所示。

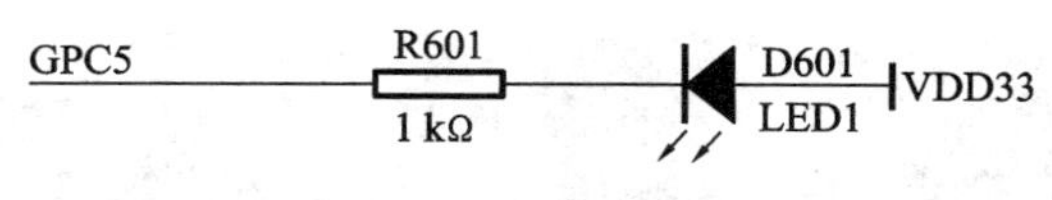

图 3.1　实验电路

②观察图 3.1 所示的发光二极管的接法，发光二极管 LED1 为阳极接法，在给 S3C2410 的 GPC5 端口输出高电平时，发光管熄灭，输出低电平时，发光管点亮。

(2)配置 ARM 处理器相应的 I/O 口，并对其输出电平进行控制。

具体操作步骤如下。

①配置端口 GPC5 为输出模式，查看 S3C2410 的数据手册可知，当给寄存器 GPCCON 的第 10 位、第 11 位分别置 1、0 时，GPC5 为输出模式，寄存器 GPCCON 的地址为 0x56000020。

②配置端口 GPC5 为内部上拉模式，查看 S3C2410 的数据手册可知，当给寄存器 GPCUP 的第 5 位置 0 时，GPC5 引脚被使能为上拉模式，默认状态即为上拉模式，寄存器 GPCUP 的地址为 0x56000028。

③要实现对端口 GPC5 输出高(或低)电平，查看 S3C2410 的数据手册可知，只需要对寄存器 GPCDAT 的第 5 位写 1(或 0)即可，寄存器 GPCDAT 的地址为 0x56000024。

(3)编写并编译程序。

具体操作步骤如下。

①在虚拟机中的 Linux 命令行下操作，在/home 目录下新建一个 led 目录，执行命令“mkdir /home/led”并回车。

②进入 led 目录，执行“vi led. c”并回车，以新建主程序文件，然后按“I”键进入插入模式。

③在 vi 文本编辑器中输入如图 3.2 所示内容后存盘退出。

④在 led 目录下执行“vi led. lds”并回车，以新建主程序的链接脚本文件，然后按“I”键进入插入模式。

⑤在 vi 文本编辑器中输入如图 3.3 所示内容后存盘退出。

⑥在 led 目录下执行“vi crt0. S”并回车，以新建启动文件，然后按“I”键进入插入模式。

⑦在 vi 文本编辑器中输入如图 3.4 所示内容后存盘退出。

⑧在 led 目录下执行“vi Makefile”并回车，以新建 Makefile 文件，然后按“I”键进入插入模式。

⑨在 vi 文本编辑器中输入如图 3.5 所示内容后存盘退出。

⑩完成上述程序编写后，在命令行下执行“make”命令，成功后会在 led 目录下生成二进制文件 led. bin。

(4)下载到实验箱运行。

具体操作步骤如下。

①在 PC 上启动 tftpd 软件，并把下载目录定位到 led. bin 文件所在的目录下。

```c
#define GPFCON (*(volatile unsigned long *)0x56000020)
#define GPFDAT (*(volatile unsigned long *)0x56000024)

void delay(unsigned long dly)
{
    for(; dly > 0; dly--);
}

int main(void)
{
    GPFCON = (1<<(0*2));
    while(1) {
        wait(30000);
        GPFDAT = ~GPFDAT;
        }
    return 0;
}
```

图 3.2　led. c 文件录入内容

```
SECTIONS {
    . = 0x00;
    .text              :  { *(.text) }
    .rodata ALIGN(4)  :  { *(.rodata) }
    .data ALIGN(4)    :  { *(.data) }
    .bss ALIGN(4)     :  { *(.bss)  *(COMMON) }
}
```

图 3.3　led. lds 文件录入内容

```
.text
.global _start
_start:
      ldr   r0, =0x56000010
      mov   r1, #0x0
      str   r1, [r0]
      ldr   sp, =1024*4
      bl    main
loop:
      b     loop
```

图 3.4　crt0. S 文件录入内容

```
CFLAGS  := -Wall -Wstrict-prototypes -O2 -fomit-frame-pointer -ffreestanding
led.bin : crt0.S  led.c
	arm-linux-gcc $(CFLAGS) -c -o crt0.o crt0.S
	arm-linux-gcc $(CFLAGS) -c -o led.o led.c
	arm-linux-ld -Ttext 0x32000000 crt0.o led.o -o led_elf
	arm-linux-objcopy -O binary -S led_elf led.bin
	arm-linux-objdump -D -m arm  led_elf > led.dis
clean:
	rm -f   led.dis led.bin led_elf *.o
```

图 3.5　Makefile 文件录入内容

②启动实验箱并进入 Bootloader 模块，然后通过 Bootloader 模块把刚才虚拟机生成的 led. bin 文件下载到地址为 0x32000000 的 RAM 空间中，具体下载方式要依据具体实验箱中所使用的 Bootloader 模块来决定。

③此处以 U-Boot 模块为例进行实验，启动实验箱后按下除回车键之外的任意键进入到 U-Boot 模块，在提示符下输入“tftp 32000000 led. bin”并回车，一段时间后，led. bin 就会被装入 0x32000000 地址空间中。

④执行命令“go 0x32000000”即可运行 led. bin 程序，此时可观察到实验箱上的 LED1 在不断闪烁。

实验四 Linux 系统下 C 程序的编译及调试

一、实验目的

(1)掌握在 Linux 系统下进行程序开发的方法。

(2)掌握 gcc 和 gdb 的使用方法。

(3)掌握 Makefile 的使用方法。

二、实验设备

PC。

三、实验性质

验证性实验。

四、实验内容

(1)在 Linux 系统中新建 C 程序文件 hello.c。

(2)通过 gcc 编译工具对文件 hello.c 进行编译并运行它。

(3)通过 gdb 调试工具对可执行文件 gdb_test 进行调试。

(4)通过 Makefile 文件重新编译 hello.c 文件。

五、实验原理

程序语言要转变为可执行程序需要经过编译,在 Linux 系统下使用通用编译工具 gcc 对 C 程序进行编译,编译后的程序可在 Linux 环境下运行。要对运行的程序进行跟踪调试,需要依赖特定的调试工具软件,Linux 系统下可使用 gdb 工具进行调试。在 Linux 系统下对工程项目进行管理时,需要依赖 Makefile 文件,该文件指定了编译的具体规则。

六、实验步骤

(1)启动 vi 文本编辑器并建立一个 hello.c 程序文件。

具体操作步骤如下。

①在/home 目录下新建一个名为 test 的目录,进入 test 目录,把所有实验的文件都

放到该目录下(命令为:①mkdir /home/test;②cd /home/test)。

②在该目录下利用 vi 文本编辑器新建一个名为 hello.c 的文件。

(2)在 hello.c 中编写一个能在屏幕上打印出“Hello World!”的 C 程序。

具体操作步骤如下。

①先在 vi 文本编辑器中按“I”键进入插入模式。

②在 vi 文本编辑器中输入如图 4.1 所示内容。

```
#include <stdio.h>
int main(void)
{
	printf("Hello world!\n");
	return 0;
}
```

图 4.1　hello.c 文件录入内容

③完成后存盘退出。

(3)利用 gcc 对 hello.c 进行编译并生成 hello 文件。

具体操作步骤如下。

①在命令提示符下输入“gcc hello.c -o hello”并回车,编译 hello.c 文件,若有错误,则根据提示进行修改,直到编译通过为止。

②用“ls -l”命令查看是否生成了 hello 文件,并查看其权限。

(4)为 hello 文件增加可执行属性,并运行它。

具体操作步骤如下。

①执行命令“chmod 777 hello”,把 hello 文件修改为拥有所有权限。

②输入“./hello”并回车,查看程序运行结果。

(5)尝试用 gdb 对应用程序进行调试。

具体操作步骤如下。

①利用 vi 文本编辑器新建一个名为 gdb_test.c 的文件,其内容如图 4.2 所示。

```
#include <stdio.h>
int main(void)
{
	int i;
	long result = 0;
	for(i=1;i<=100;i++)
		result += i;
	printf("result=%d\n",result);
	return 0;
}
```

图 4.2　gdb-test.c 文件录入内容

②在命令提示符下输入“gcc-g gdb_test. c-o gdb_test”并回车，编译生成可调试的执行文件 gdb_test。

③输入“gdb gdb_test”并回车，进入 gdb 调试环境。

④在 gdb 提示符下输入“break main”(或“b main”)并回车，在 main()函数入口处打上一个断点。

⑤输入“run”(或“r”)并回车，运行调试程序，可观察到运行停在了 main()函数的断点处。

⑥输入“next”(或“n”)并回车，继续单步运行调试程序(不进入子函数)。

⑦输入“step”(或“s”)并回车，继续单步运行调试程序(进入子函数)。

⑧输入“print result”(或“p result”)并回车，可查看当前变量 result 的值。

⑨输入“continue”(或“c”)并回车，继续运行调试程序直到结束为止，并查看运行结果。

⑩输入“list”(或“l”)并回车，可查看程序内容。

⑪输入“info break”并回车，可查看已打的断点的情况。

⑫输入“delete 1”并回车，可删除已打的第 1 个断点。

⑬输入“quit”(或“q”)并回车，可退出 gdb 调试环境。

⑭学有余力的同学还可自行实验条件断点(如“break 7 if i=10”)及变量监控(如“watch i”)等调试功能。

(6)利用 Makefile 重复实验步骤(3)。

具体操作步骤如下。

①先编写好 hello. c 文件。

②利用 vi 建立一个名为 Makefile 的文件并与 hello. c 放在同一个目录下，Makefile 文件的内容如图 4.3 所示。

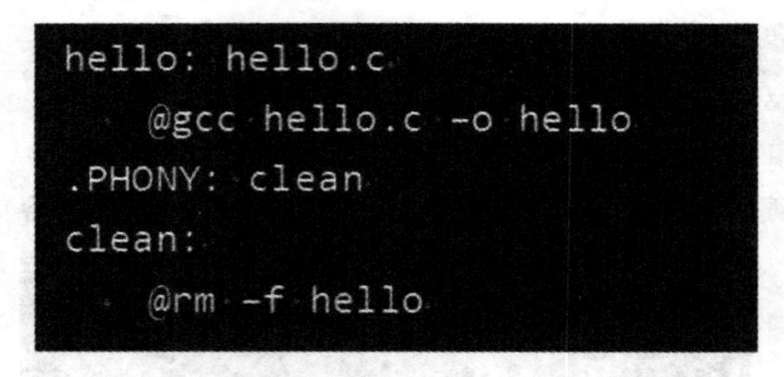

```
hello: hello.c
	@gcc hello.c -o hello
.PHONY: clean
clean:
	@rm -f hello
```

图 4.3 Makefile 文件内容

③在该目录下输入命令“make”并回车，若没有错误，则会生成 hello 文件，若有错误，则根据提示进行修改，直到生成 hello 文件为止。

④执行命令“chmod 777 hello”，把 hello 文件修改为拥有所有权限。

⑤输入“. /hello”并回车，查看程序运行结果。

⑥输入“make clean”并回车，可删除刚才生成的 hello 文件。

实验五 Linux 系统下 C 程序的交叉编译

一、实验目的

(1)了解 ARM 的交叉编译工具链。
(2)掌握程序的交叉编译过程。

二、实验设备

(1)PC。
(2)嵌入式系统实验箱。

三、实验性质

验证性实验。

四、实验内容

(1)在 Linux 系统中新建 C 程序文件 hello.c。
(2)通过 arm-linux-gcc 编译工具对 hello.c 文件进行交叉编译。
(3)把生成的 hello 文件下载到实验箱中运行。

五、实验原理

不同架构的 CPU 的指令系统不一样,在 X86 架构下编译的程序只能运行在 X86 架构下,若要将 X86 架构下编译的程序运行在 ARM 架构下,就必须进行交叉编译。

六、实验步骤

(1)创建一个能在屏幕上打印出"Hello World!"的 C 程序文件。
具体操作步骤如下。
①执行命令"vi hello.c"创建一个 hello.c 文件。
②在 vi 环境中按"I"键进入插入模式。
③在 vi 环境中输入如图 5.1 所示的内容。
④完成后存盘退出。
(2)利用 arm-linux-gcc 编译工具对 hello.c 进行交叉编译并生成 hello 文件。

```
#include <stdio.h>
int main(void)
{
    printf("Hello world!\n");
    return 0;
}
```

图 5.1　hello.c 文件录入内容

具体操作步骤如下。

①交叉编译工具要根据所使用的 Linux 系统内核版本来进行选择，一般 2.4.X 版本的 Linux 系统内核选择 2.X.X 版本的交叉编译工具，而 2.6.X 及以上版本的 Linux 系统内核选择 3.X.X 或 4.X.X 版本的交叉编译工具。为了方便，这里同时选择安装两个版本的交叉编译工具，低版本的为 2.95.2 版本，高版本的为 4.3.2 版本。

②安装交叉编译工具链，这里使用第三方制作好的交叉编译工具链，使用时直接用 tar 命令解压，此处把 2.95.2 版的交叉编译工具解压到目录/opt/host/armv4l 中，把 4.3.2版的交叉编译工具解压到目录/usr/local/arm 中。

③把交叉编译工具链所在的目录添加到搜索路径中，在命令提示符下输入“vi ～/.bashrc”并回车，打开该文件，在末尾加入一句“export PATH = /opt/host/armv4l/bin:/usr/local/arm/4.3.2/bin:$PATH”（该句也可加在“～/.bash_profile”文件中），存盘退出。

④为使刚才添加的搜索路径生效，有三种方式可选择，一是执行“reboot”命令重启 Linux 系统；二是先执行“logout”退出，再重新登录；三是执行命令“source ～/.bashrc”。

⑤在命令行下输入“armv4l-unknown-linux-gcc-v”并回车，可查看 2.95.2 版本的交叉编译工具版本信息，输入“arm-linux-gcc-v”并回车，可查看 4.3.2 版本的交叉编译工具版本信息。

⑥进入到刚才编辑的 hello.c 所在的目录，若针对 2.4.X 版本的 Linux 系统内核，则执行“armv4l-unknown-linux-gcc hello.c -o hello”并回车。若针对 2.6.X 及以上版本的 Linux 系统内核，则执行“arm-linux-gcc hello.c -o hello”并回车。交叉编译后生成的可执行的 hello 文件是基于 ARM 平台的，在 X86 平台下运行不了。

(3)利用工具把生成的 hello 文件下载到嵌入式系统实验箱中。

具体操作步骤如下。

①把上面虚拟机中编译好的 hello 文件拷贝到“/share”目录下，并在 PC 端的网络盘符下确认找到它。

②确保 PC 与实验箱之间的网线已连通，在 PC 端运行程序 8uftp，在地址栏中输入实验箱的 IP 地址为 192.168.0.121，用户名为 root，密码为空，点击“连接”按钮，稍等一会儿后会显示欢迎信息，表示已连通。

③在 8uftp 的“本地”选项卡窗体中定位到网络盘符，在“远程”选项卡窗体中定位到要拷贝到的目录，用鼠标把网络盘符中的 hello 文件直接拖曳到远程目标目录下，待拷贝

完成后，hello 文件就传输到了实验箱中。

④如果采用了 NFS 方式，则更为方便，只要 hello 文件拷贝到了虚拟机的“/share”目录下，就可在实验箱的“/mnt/share”下找到它。具体操作可参见实验二中的实验步骤(5)下面的第⑫步至第⑱步。

(4)为 hello 文件增加可执行属性并运行它。

具体操作步骤如下。

①通过 SecureCRT 操作实验箱中的 Linux 系统，进入上面拷贝 hello 文件所在的目录，使用“ls -l”查看 hello 文件的权限。

②执行“chmod 777 hello”命令更改 hello 文件的权限，使之具备可执行属性。

③在命令提示符下输入“./hello”并回车，即可执行该程序。

实验六　Bootloader 的编译与烧写

一、实验目的

(1)了解 Bootloader 的作用。

(2)掌握 Bootloader 的编译和烧写过程。

二、实验设备

(1)PC。

(2)嵌入式系统实验箱。

三、实验性质

验证性实验。

四、实验内容

(1)vivi 的编译和烧写。

(2)U-Boot 的编译和烧写。

五、实验原理

在操作系统启动之前,需要对计算机硬件环境进行检测和配置,以把操作系统带入一个适合运行的环境,Bootloader 就是实现此功能的程序。目前的嵌入式系统中,常用的 Bootloader 有 vivi 和 U-Boot 两种类型。

六、实验步骤

(1)vivi 的编译。

具体操作步骤如下。

①先把实验箱所使用的 vivi 源代码文件 vivi. tar. bz2(在实验箱配套光盘的 Linux/exp/bootloader 目录下)通过 Samba 服务拷贝到虚拟机的 share 目录下。

②在虚拟机中 Linux 系统的 share 目录下对源代码进行解压,执行命令"tar-jxvf vivi. tar. bz2"并回车。

③在对 vivi 进行编译前,要确保交叉编译工具链已经安装完成并能正常使用,这里使

用实验箱配套提供的 2.95.2 版本的交叉编译工具。

④执行命令“cd vivi”进入解压后的目录。

⑤执行命令“vi Makefile”，打开顶层的 Makefile 文件，查看一下目标框架是否为 arm 文件，指定的交叉编译工具链名称是否正确，若不正确则需要进行相应的修改，然后保存并退出。

⑥在 vivi 目录下先执行“make clean”命令清除一下记录，然后再执行“make all”命令，对 vivi 进行交叉编译。

⑦编译完成后，会在当前目录下生成 Bootloader 映像文件 vivi，可输入 “ls vivi”进行查看。

(2)vivi 的烧写。(注：本实验步骤在 XP 系统下进行。)

具体操作步骤如下。

①接下来要把生成的 vivi 映像文件烧写到实验箱的 NAND FLASH 中，本例采用并口烧写方式进行。

②首先连接好实验箱与 PC 的并口电缆，然后在 PC 上安装并口驱动程序，先把整个 GIVEIO 目录(在实验箱配套光盘的 Linux/img/flashvivi 目录下)拷贝到 c:\windows 目录下，然后把该目录下的 giveio. sys 文件拷贝到 c:\windows\system32\drivers 下。

③打开控制面板，选添加硬件，点击“下一步”按钮；在弹出的对话框中选择“是，我已经连接了此硬件”选项，然后点击“下一步”按钮；在弹出的对话框中选择最末尾的“添加新的硬件设备”选项，然后点击“下一步”按钮；在弹出的对话框中选择“安装我手动从列表选择的硬件”选项，然后点击“下一步”按钮；在弹出的对话框中选择最上面的“显示所有设备”选项，然后点击“下一步”按钮；在弹出的对话框中选择“从磁盘安装”选项，然后点击“下一步”按钮；在弹出的对话框中点击“浏览”按钮，指定目录到 c:\windows\GIVEIO\giveio. inf 文件，点击“打开”按钮，然后点击“确定”按钮；随后点击“下一步”至“完成”按钮即安装好并口驱动。

④在 C 盘下新建一个名为 bootloader 的目录，然后把烧写工具 sjf 2410-s. exe(在实验箱配套光盘的 Linux/img/flashvivi 目录下)和刚才生成的 vivi 映像文件拷贝进去。

⑤确保实验箱电源已打开，在 Windows 的命令行下输入“cd c:\bootloader”并回车，进入到 Bootloader 目录下，然后输入命令“sjf 2410-s /f:vivi”并回车，此后会出现三次要求输入参数的过程，三次都选择 0 并回车，随后就进入 vivi 的烧写过程，此过程以显示字符“p”作为进度条，烧写需要一定的时间，中途不允许断电或执行其他非法操作，烧写完成后，选择 2 并回车退出，此时 vivi 就已经烧写到实验箱的 NAND FLASH 中。

(3)U-Boot 的编译。

具体操作步骤如下。

①先把开发板所使用的 U-Boot 源代码文件 uboot-s3c2416-v1. 3-20140821. tar. bz2(在开发板配套光盘的“软件开发包/LINUX 开发包/源码包/UBOOT 源码包”目录下)通过 Samba 服务拷贝到虚拟机的 share 目录下。

②在虚拟机中 Linux 系统的 share 目录下对源代码进行解压，执行命令“tar-jxvf uboot-s3c2416-v1. 3-20140821. tar. bz2”并回车。

③在对 U-Boot 进行编译前，要确保交叉编译工具链已经安装完成并能正常使用，这里使用开发板配套提供的 4.2.2 版本的交叉编译工具。

④执行命令“cd u-boot-1.4.3” 进入解压后的目录。

⑤执行命令“vi Makefile”，打开顶层的 Makefile 文件，查看一下目标框架是否为 arm 文件，指定的交叉编译工具链名称是否正确，若不正确则需要进行相应的修改，然后保存并退出。

⑥在 u-boot-1.4.3 目录下先执行“make clean”命令清除一下记录，然后执行“make smdk2416_config”命令以生成配置文件，最后执行“make all”命令对 U-Boot 进行交叉编译。

⑦编译完成后，会在当前目录下生成 Bootloader 映像文件 u-boot.bin，可输入“ls u-boot.bin”进行查看。

(4)U-Boot 的烧写。(注：本实验步骤在 XP 系统下进行。)

具体操作步骤如下。

①接下来要把生成的 u-boot.bin 映像文件烧写到开发板的 NAND FLASH 中，这里采用 SD 卡烧写方式进行。

②把一张 2G 容量的标准 SD 卡插到 PC 上，然后使用 FAT32 形式对其进行格式化。

③运行烧写工具软件 moviNAND_Fusing_Tool(在开发板配套光盘的“软件开发包\LINUX 开发包\开发所需的工具软件”目录下)，点击“SD/MMC Drive”选项，在下拉列表中选择 SD 卡所在的盘符，然后在“Bootloader”选择中点击“Browse”按钮，选择 u-boot-movi.bin。在最下方的“Specific Sector”选项中点击“Browse”按钮，选择要烧写的 Linux 系统内核文件，这里选择 zImage 选项，然后在前面的“Sector”框中填入 3200000，如图 6.1 所示。

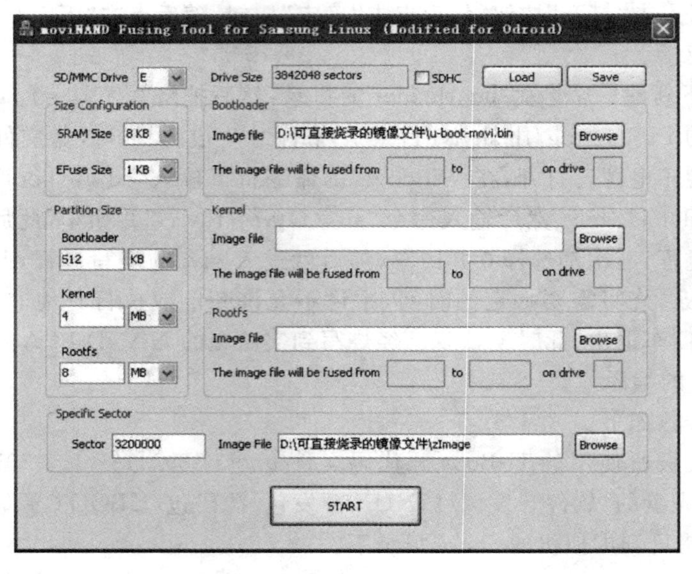

图 6.1　运行烧写工具软件(1)

④确认无误后点击最下面的“START”按钮进行烧写，烧写速度很快，顺利完成后会出现如图 6.2 所示的提示，点击“确定”按钮返回。

图 6.2　烧写完成提示

⑤继续烧写 uramdisk。关闭 moviNAND-Fusing-Tool 再将其重新打开，选择 SD 卡所在的盘符，在最下方的“Specific Sector”选项中点击“Browse”按钮，选择要烧写的文件 uramdisk，然后在前面的“Sector”框中填入 3500000，如图 6.3 所示。

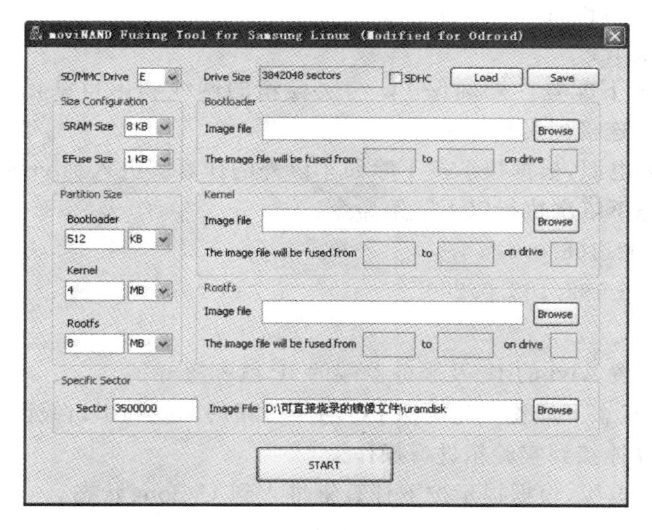

图 6.3　运行烧写工具软件(2)

⑥确认无误后点击最下面的“START”按钮进行烧写，完成后点击“确定”按钮返回。

⑦烧写 NAND FLASH 的 uboot 文件。这次不用关闭软件，在最下方的“Specific Sector”选项中点击“Browse”按钮，选择要烧写的 uboot 文件，这里选择前面刚编译好的 u-boot.bin，然后在前面的“Sector”框中填入 3800000，如图 6.4 所示。

⑧确认无误后点击最下面的“START”按钮，进行烧写，完成后点击“确定”按钮返回。

⑨把制作好的 SD 卡插入开发板，并在开发板上进行跳线，选择从 SD 卡启动，然后给开发板上电，等待启动完毕。

⑩启动完成后，U-Boot 及内核就已经写入开发板的 NAND FLASH，可以移出 SD 卡并回复跳线，选择从 NAND FLASH 启动，然后重新给开发板上电即可。

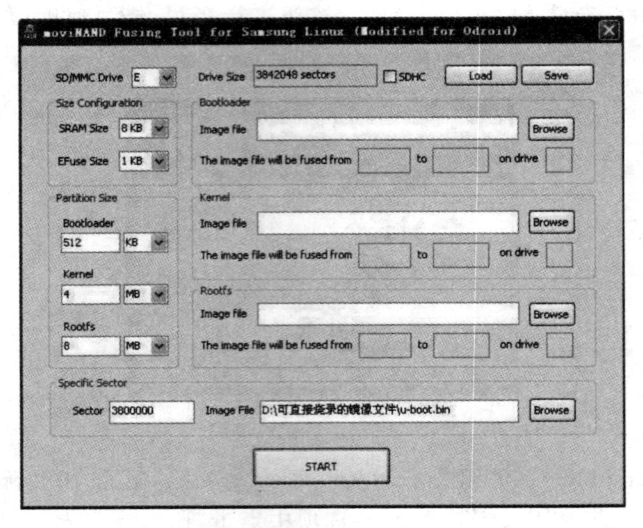

图 6.4　运行烧写工具软件(3)

(5)Bootloader 的配置。

具体操作步骤如下。

①在 vivi 状态下配置。先确保 PC 与实验箱的网线和串口线已连接好,然后启动 SecureCRT 软件并连接到实验箱进行操作。

②打开实验箱电源,根据提示按下除回车以外的任意键进入到 vivi 状态。

③在 vivi 状态下依次执行以下三条命令:

“ifconfig ip 192.168.0.121”;

“ifconfig server 192.168.0.200”;

“ifconfig save”。

④经过上述配置,vivi 的 IP 及服务器端的 IP 就配置好了。

⑤在 U-Boot 状态下配置。先确保 PC 与实验箱的网线和串口线已连接好,然后启动 SecureCRT 软件并连接到实验箱进行操作。

⑥打开实验箱电源,根据提示按下任意键进入到 U-Boot 状态。

⑦在 U-Boot 状态下依次执行以下三条命令:

“setenv ipaddr 192.168.0.121”;

“setenv serverip 192.168.0.200”;

“saveenv”。

⑧经过上述配置,U-Boot 的 IP 及服务器端的 IP 就配置好了。

⑨若还需要配置 Bootloader 的其他项目,可自己进行实验。

实验七　嵌入式 Linux 系统内核的配置与编译

一、实验目的

(1)了解 Linux 系统内核的裁减方法。

(2)掌握嵌入式 Linux 系统内核的配置及编译过程。

二、实验设备

PC。

三、实验性质

验证性实验。

四、实验内容

(1)下载 Linux 系统的内核源代码。

(2)针对所使用的目标平台,对源代码进行配置。

(3)交叉编译 Linux 系统源代码得到内核映像文件 zImage。

五、实验原理

Linux 系统内核运行多种架构的 CPU,但需要针对目标 CPU 进行配置和编译,才能运行在它所支持的 CPU 上,因此需要对 Linux 系统内核源代码进行有针对性的配置,然后进行交叉编译。

六、实验步骤

(1)下载一个 2.6.X 版本的 Linux 系统内核源代码,并在虚拟机中进行解压。

具体操作步骤如下。

①打开网站 https://www.kernel.org/pub,点击 linux/进入下一级目录,然后点击 kernel/进入下一级目录,再点击 v2.6/进入下一级目录,在这一级目录中有从 2.6.0 到 2.6.39.4的内核源代码文件及部分补丁。

②点击 linux-2.6.39.tar.bz2 文件进行下载,下载完成后就得到一个压缩包文件。

③把下载得到的 linux-2.6.39.tar.bz2 文件上传到虚拟机的/share 目录下,在命令

行下输入“tar -jxvf linux-2. 6. 39. tar. bz2”并回车进行解压。

④解压完成后会生成一个名为 linux-2. 6. 39 的目录，进入该目录后就可以看到内核源代码的目录树了。

(2)根据所选用的 ARM 处理器，选择一个配置模板文件。

具体操作步骤如下。

①在源码根目录下输入“cd arch/arm/configs”并回车，进入配置模板文件目录。

②在该目录下找到一个名为“s3c2410_defconfig”的配置文件，并把它拷贝到源码根目录下变更为“. config”，输入命令“cp s3c2410_defconfig ../../../. config”并回车。

(3)根据需要修改 Makefile 文件。

具体操作步骤如下。

①进入源码根目录，输入“vi Makefile”并回车，打开 Makefile 文件。

②找到其中的“ARCH ? = $(SUBARCH)”行(大约在第 195 行处)，把它改为“ARCH ? = arm”(注：“arm”后不能有空格)。

③找到“CORSS_COMPILE ? = $(CONFIG_CORSS_COMPILE:“%”=%)”行，把它改为“CORSS_COMPILE ? = arm-linux-”(注：“-”后不能有空格)。

④完成后存盘退出。

(4)利用 make menuconfig 对内核配置进行修改。

具体操作步骤如下。

①进入源码根目录，输入命令“make menuconfig”并回车，稍等一会儿后会打开一个文本方式下的配置对话框，如图 7.1 所示。

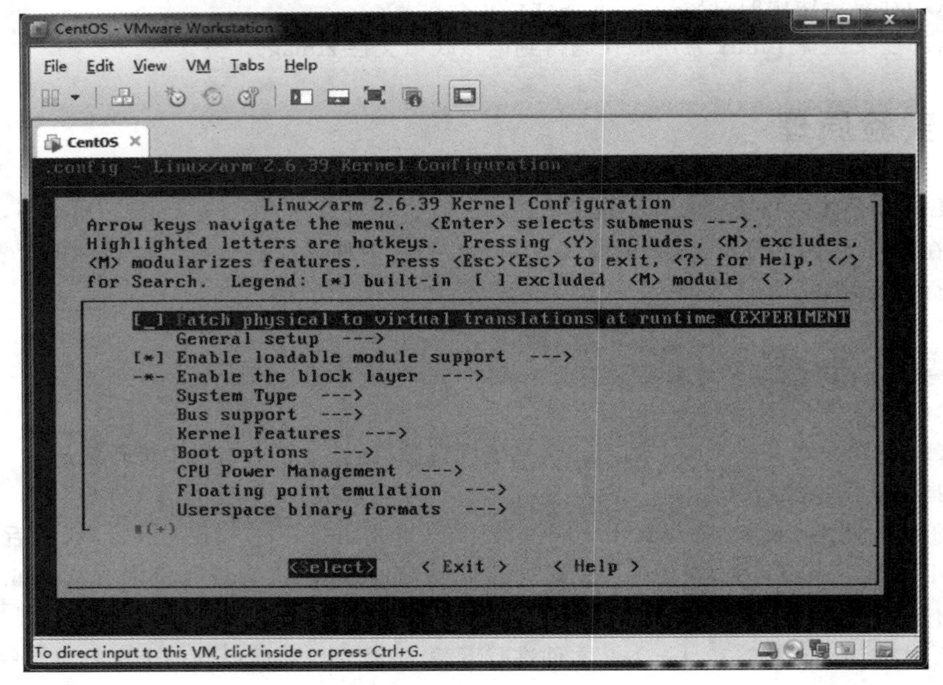

图 7.1 Linux 内核配置对话框

②在对话框中，利用上下光标键移动选择条，用空格键勾选，用回车键进入下一级设置，用“Tab”键在项目间跳转。

③本设置是以前面选择的 S3C2410 芯片为基础的，一般需要在此基础上进行适当的裁减和调整以适应硬件环境，但本例仅仅是一个实验，所以可全部采用默认值而不做任何更改（有兴趣的话可自行研究），这里直接按“Tab”键聚焦到“Exit”按钮上并回车，系统会询问是否要保存配置，直接点击“yes”即可把配置保存到.config 文件中。

（5）利用 make zImage 对内核进行编译压缩。

具体操作步骤如下。

①进入源码根目录，输入命令“make zImage”并回车，进行内核的编译，内核编译比较耗费时间，需要耐心等待。

②编译结束后，会在 arch/arm/boot 目录下生成内核文件 zImage，可输入“ls arch/arm/boot/zImage”进行查看，一般文件大小为 2 MB 左右。

③若要删除配置及生成的文件，有三个可以执行的命令：“make clean”、“make mrproper”和“make distclean”，第一个仅删除大部分基本文件但保留配置文件（生成的 zImage 也会被删除），第二个删除所有基本文件和配置文件，第三个删除所有生成的文件及其补丁文件，一般情况下用第一个或第二个命令就可以了，一般要还原到刚解压时的状态才会执行第三个命令。

实验八　嵌入式根文件系统的制作

一、实验目的

(1)了解嵌入式根文件系统的构成。

(2)掌握嵌入式根文件系统的制作过程。

二、实验设备

PC。

三、实验性质

验证性实验。

四、实验内容

(1)创建 Linux 系统所需要的目录结构。

(2)安装支持库及内核模块文件。

(3)安装 busybox 文件。

(4)配置自动挂载设备。

(5)制作根文件系统映像文件。

五、实验原理

Linux 系统内核在启动完成后,需要挂载一个根文件系统才能进入到应用模式。根文件系统一般是一个独立的分区,它具体的文件系统类型可以是目前流行的 JFFS2、YAFFS2、UBIFS 等其中的一种,在根文件系统中还要包含完整的 Linux 系统目录结构,并设置一些特殊设备的节点文件、挂载点等。

六、实验步骤

(1)创建根文件系统目录,创建设备文件。

具体操作步骤如下。

①在虚拟机的/share 目录下新建一个名为 rootfs 的目录,输入命令 “mkdir /share/rootfs”,在该目录下创建几个根文件系统必要的目录,输入“mkdir bin sbin etc dev proc lib sys var mnt usr”并回车。

②执行“cd dev”命令进入该目录，执行命令“mknod console c 5 1”创建 console 设备节点，执行命令“mknod null c 1 3”创建 null 设备节点。

(2)编译内核模块，安装内核模块。

具体操作步骤如下。

①在虚拟机中进入实验箱所用 Linux 系统的内核源代码目录，输入命令“cd /arm2410cl/kernel/linux-2.4.18-2410cl”并回车，然后执行交叉编译内核模块的命令：“make modules ARCH=arm CORSS_COMPILE=armv4l-unknown-linux-”。

②编译成功后进行安装，输入“make modules_install ARCH=arm INSTALL_MOD_PATH=/share/rootfs”并回车。

(3)配置、编译、安装 busybox 文件。

具体操作步骤如下。

①busybox 文件可从网上下载，本例直接使用实验箱配套光盘提供的版本，位于光盘目录“Linux\rootfs”下，把它拷贝到虚拟机的/share 目录下并解压，输入“tar-jxvf busybox-1.00-pre10.tar.bz2”并回车。

②进入该目录，执行“cd busybox-1.00-pre10”命令，再执行拷贝更名命令“cp config-uptech .config”，以使用光盘提供的配置文件(也可执行 make menuconfig 命令进行自定义配置，具体请自行研究)。

③先执行“make”命令进行编译，完成后再进行安装。

④安装时要安装到 rootfs 目录下，执行“make PREFIX=/share/rootfs install”(注：在有些版本中，“PREFIX”要写成“CONFIG_ PREFIX”才行)。

(4)安装库文件。

具体操作步骤如下。

①进入到交叉编译工具所在的目录，这里以实验箱光盘上提供的交叉编译工具为例，输入“cd /opt/host/armv4l/armv4l-unknown-linux”并回车进入目录。

②拷贝该目录中 lib 目录下的所有文件到 rootfs 目录的 lib 目录下，拷贝时要注意，软链接文件要保持为链接形式，不要拷贝成原文件，这里可执行命令“cp ./lib/*.so* /share/rootfs/lib -d”。

(5)配置自动挂载文件系统。

具体操作步骤如下。

①在 rootfs 的 etc 目录下新建一个名为 inittab 的文件，执行“vi /share/rootfs/etc/inittab”命令，在其中录入图 8.1 所示的内容并存盘退出。

```
console::askfirst:-/bin/sh
::sysinit:/etc/init.d/rcS
```

图 8.1　inittab 文件录入内容

②在 rootfs 的 etc 目录下新建一个 init. d 目录，执行“mkdir /share/rootfs/etc/init. d”命令，然后在该目录下创建一个名为 rcS 的文本文件，执行“vi /share/rootfs/etc/init. d/rcS”命令，在其中录入图 8.2 所示的内容，再存盘退出，然后为该文件加上可执行属性，执行“chmod 777 rcS”命令。

```
mount -a
mkdir /dev/pts
mount -t devpts devpts /dev/pts
echo /sbin/mdev > /proc/sys/kernel/hotplug
mdev -s
```

图 8.2　rcS 文件录入内容

③在 rootfs 的 etc 目录下新建一个名为 fstab 的文件，执行“vi /share/rootfs/etc/fstab”命令，在其中录入如图 8.3 所示的内容，再存盘退出。

```
proc	/proc	proc	defaults	0	0
sysfs	/sys	sysfs	defaults	0	0
tmpfs	/dev	tmpfs	defaults	0	0
```

图 8.3　fstab 文件录入内容

(6)制作 root. cramfs 镜像文件。

具体操作步骤如下。

①在光盘目录“Linux\rootfs”下拷贝 cramfs 镜像制作工具 mkfs. cramfs 到虚拟机的/share 目录下(mkfs. cramfs 文件也可自己制作，具体过程请自行研究)。

②执行命令“./mkfs. cramfs rootfs ./root. cramfs”，成功后就在/share 目录下生成了根文件的镜像文件 root. cramfs。

实验九　嵌入式 Linux 系统下的进程控制

一、实验目的

(1)了解 Linux 系统内核的进程控制方法。

(2)掌握嵌入式 Linux 系统内核的进程控制过程。

二、实验设备

(1)PC。

(2)嵌入式系统实验箱。

三、实验性质

验证性实验。

四、实验内容

(1)获取进程号。

(2)通过多种方式创建进程。

(3)分别利用无名管道和有名管道实现进程间的通信。

五、实验原理

在嵌入式开发的具体应用中,会涉及进程的创建及进程间的通信,本实验验证了在 Linux 系统下如何来实现它们,为后续开发打下基础。

六、实验步骤

(1)利用 getpid()函数获取本进程 ID 号,利用 getppid()函数获取父进程 ID 号。

具体操作步骤如下。

①在虚拟机的/share 目录下新建一个名为 pid 的目录,输入命令"mkdir /share/pid",在该目录下创建一个名为 getpid. c 的文件,输入命令"vi /share/pid/getpid. c"。

②在 getpid. c 文件中录入图 9.1 所示的内容,再存盘退出。

③在 pid 目录下输入命令"gcc getpid. c-o getpid"并回车进行编译。

④若生成的 getpid 不具备可执行属性,则对其进行修改,输入"chmod 777 getpid"并

```
#include <stdio.h>
int main(void)
{
    printf("PID = %d\n",getpid());
    printf("PPID = %d\n",getppid());
    return 0;
}
```

图 9.1　getpid.c 文件录入内容

回车。

⑤执行程序，输入“./getpid”并回车，执行结果如图 9.2 所示。

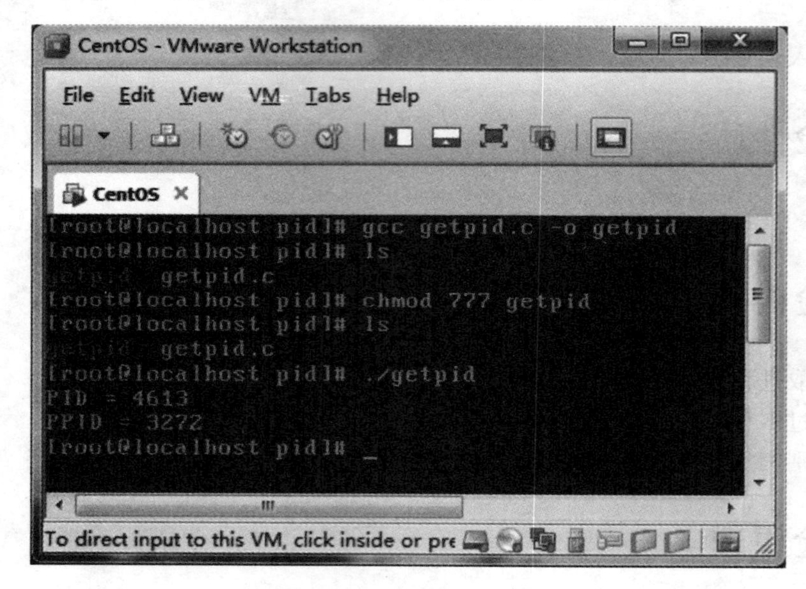

图 9.2　getpid 执行结果

⑥以上结果中，打印出的本进程及父进程的 ID 号数值会因环境不一样而不相同，不一定就是图中的数值。

(2)分别利用 fork()、vfork()及 exec()函数族进行进程的创建，利用 wait()函数实现进程等待。

具体操作步骤如下。

①在虚拟机的/share 目录下新建一个名为 fork 的目录，输入命令“mkdir /share/fork”，在该目录下创建一个名为 fork1.c 的文件，输入命令“vi /share/fork/fork1.c”。

②在 fork1.c 文件中录入图 9.3 所示的内容，再存盘退出。

③在 fork 目录下输入命令“gcc fork1.c-o fork1”并回车进行编译。

④若生成的 fork1 不具备可执行属性，则对其进行修改，输入“chmod 777 fork1”并回车。

```c
#include <stdio.h>
#include <sys/types.h>
int main(void)
{
    pid_t pid;
    pid = fork();
    if( pid < 0 )
        printf("error in fork!");
    else if( pid == 0 )
        printf("I am the child process, ID is %d\n",getpid());
    else
        printf("I am the parent process, ID is %d\n",getpid());
    return 0;
}
```

图 9.3　fork1.c 文件录入内容

⑤执行程序，输入“./fork1”并回车，执行结果如图 9.4 所示。

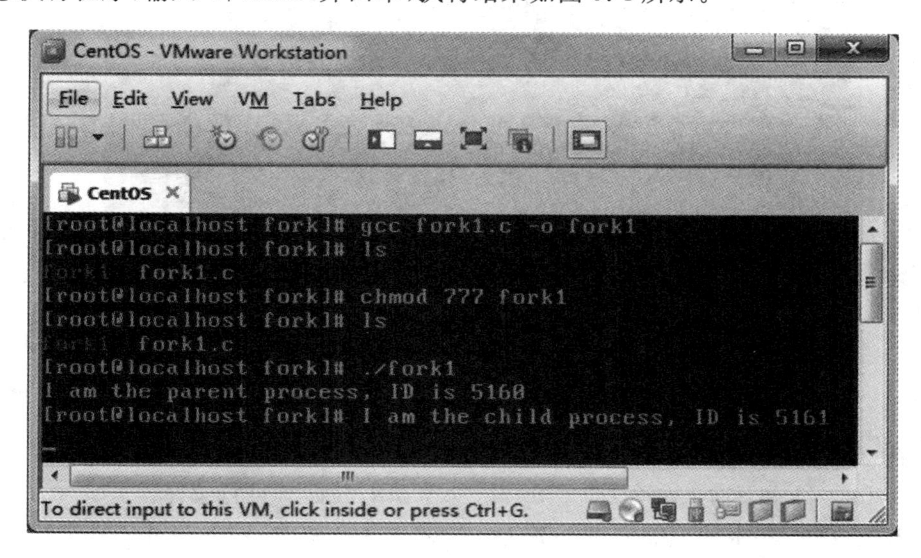

图 9.4　fork1 执行结果

⑥在 fork 目录下创建一个名为 fork2.c 的文件，输入命令“vi /share/fork/fork2.c”。

⑦在 fork2.c 文件中录入图 9.5 所示的内容，再存盘退出。

⑧在 fork 目录下输入命令“gcc fork2.c-o fork2”并回车进行编译。

⑨若生成的 fork2 不具备可执行属性，则对其进行修改，输入“chmod 777 fork2”并回车。

⑩执行程序，输入“./fork2”并回车，执行结果如图 9.6 所示。

⑪在 fork 目录下创建一个名为 vfork.c 的文件，输入命令“vi /share/fork/vfork.c”。

```
#include <stdio.h>
#include <sys/types.h>
int main(void)
{
    pid_t pid;
    int count = 0;
    pid = fork();
    count++;
    printf("count = %d\n",count);
    return 0;
}
```

图 9.5　fork2. c 文件录入内容

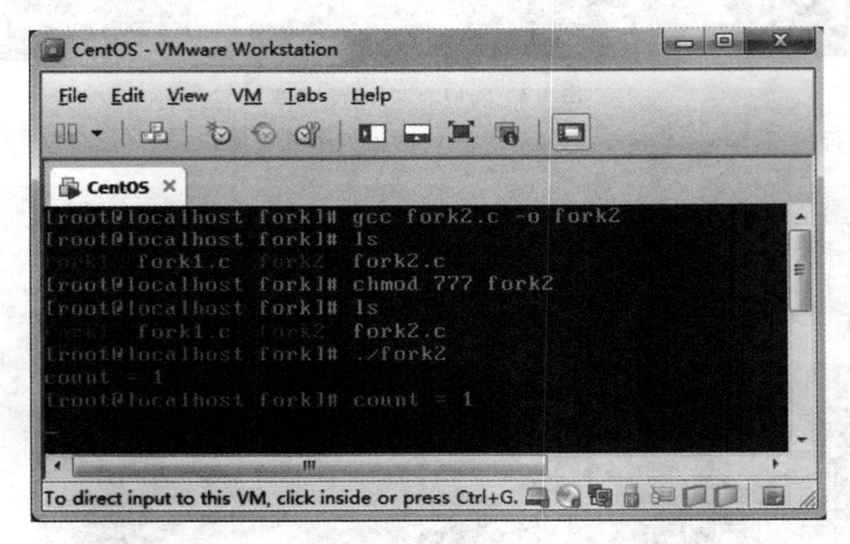

图 9.6　fork2 执行结果

⑫在 vfork. c 文件中录入图 9.7 所示的内容，再存盘退出。

⑬在 fork 目录下输入命令“gcc vfork. c-o vfork”并回车进行编译。

⑭若生成的 vfork 不具备可执行属性，则对其进行修改，输入“chmod 777 vfork”并回车。

⑮执行程序，输入“. /vfork”并回车，执行结果如图 9.8 所示。

⑯在虚拟机的/share 目录下新建一个名为 exec 的目录，输入命令 “mkdir /share/exec”，在该目录下创建一个名为 execl. c 的文件，输入命令“vi /share/exec/execl. c”。

⑰在 execl. c 文件中录入图 9.9 所示的内容，再存盘退出。

⑱在 exec 目录下输入命令“gcc execl. c-o execl”并回车进行编译。

⑲若生成的 execl 不具备可执行属性，则对其进行修改，输入“chmod 777 execl”并回车。

```
#include <stdlib.h>
#include <stdio.h>
int main(void)
{
   pid_t pid;
   int count = 0;
   pid = vfork();
   count++;
   printf("count = %d\n",count);
   exit(0);
}
```

图 9.7　vfork.c 文件录入内容

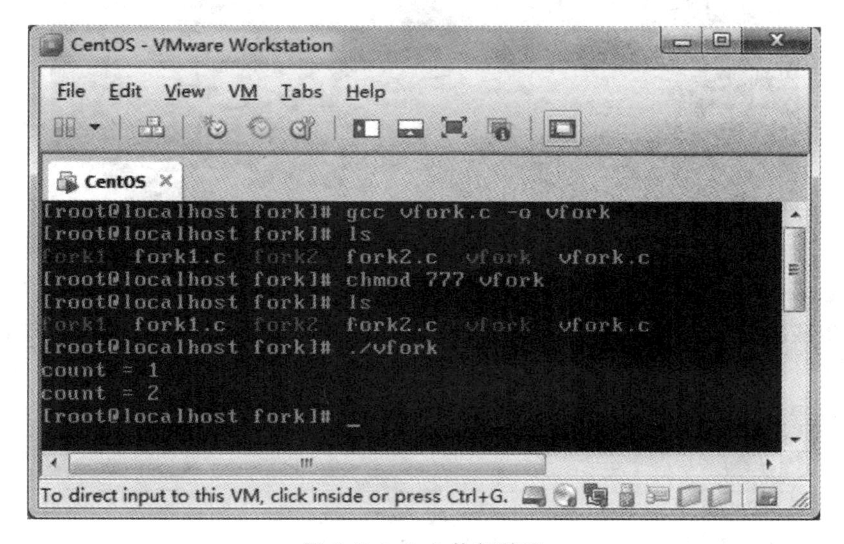

图 9.8　vfork 执行结果

```
#include <unistd.h>
int main(void)
{
   execl("/bin/ls","ls","-l","/etc/passwd",(char *)0);
   return 0;
}
```

图 9.9　execl.c 文件录入内容

⑳执行程序，输入“./execl”并回车，执行结果如图 9.10 所示。

㉑在 exec 目录下创建一个名为 execlp.c 的文件，输入命令“vi /share/exec/execlp.c”。

㉒在 execlp.c 文件中录入图 9.11 所示的内容，再存盘退出。

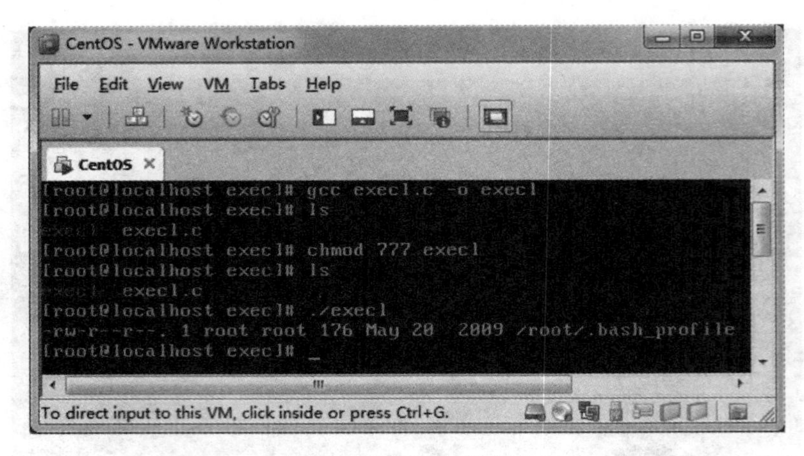

图 9.10　execl 执行结果

```
#include <unistd.h>
int main(void)
{
    execlp("ls","ls","-l","/etc/passwd",(char *)0);
    return 0;
}
```

图 9.11　execlp. c 文件录入内容

㉓在 exec 目录下输入命令“gcc execlp. c-o execlp”并回车进行编译。

㉔若生成的 execlp 不具备可执行属性，则对其进行修改，输入“chmod 777 execlp”并回车。

㉕执行程序，输入“. /execlp”并回车，执行结果如图 9. 12 所示。

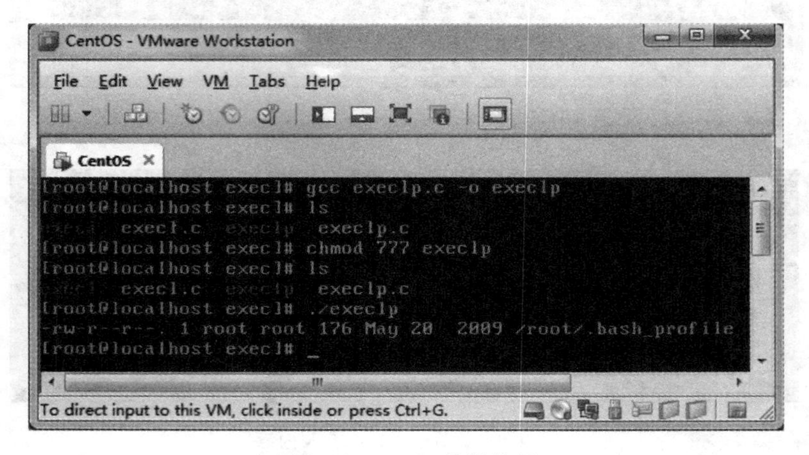

图 9.12　execlp 执行结果

㉖在 exec 目录下创建一个名为 execv. c 的文件，输入命令“vi /share/exec/execv. c”。

㉗在 execv. c 文件中录入图 9. 13 所示的内容，再存盘退出。

```
#include <unistd.h>
int main(void)
{
    char * argv[] = {"ls","-l","/etc/passwd",(char *)0};
    execv("/bin/ls",argv);
    return 0;
}
```

图 9.13　execv. c 文件录入内容

㉘在 exec 目录下输入命令“gcc execv. c-o execv”并回车进行编译。

㉙若生成的 execv 不具备可执行属性，则对其进行修改，输入“chmod 777 execv”并回车。

㉚执行程序，输入“. /execv”并回车，执行结果如图 9.14 所示。

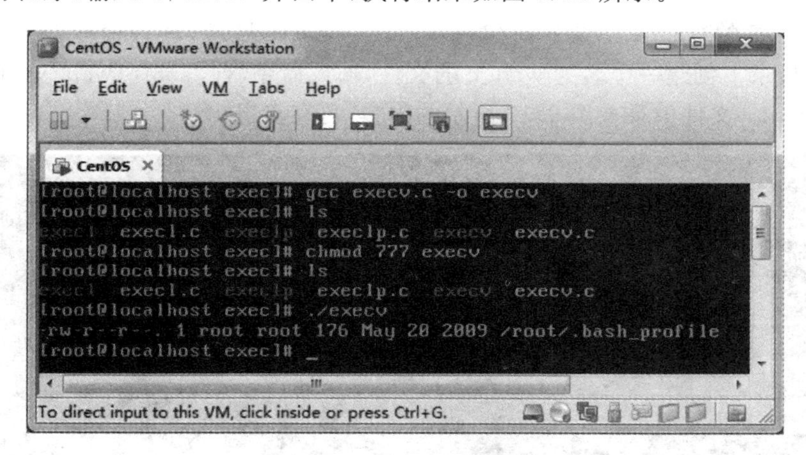

图 9.14　execv 执行结果

㉛在 exec 目录下创建一个名为 system. c 的文件，输入命令“vi /share/exec/system. c”。

㉜在 system. c 文件中录入图 9.15 所示的内容，再存盘退出。

```
#include <stdio.h>
int main(void)
{
    system("ls -l /etc/passwd");
    return 0;
}
```

图 9.15　system. c 文件录入内容

㉝在 exec 目录下输入命令“gcc system. c-o system”并回车进行编译。

㉞若生成的 system 不具备可执行属性，则对其进行修改，输入“chmod 777 system”并回车。

㉟执行程序，输入“./system”并回车，执行结果如图 9.16 所示。

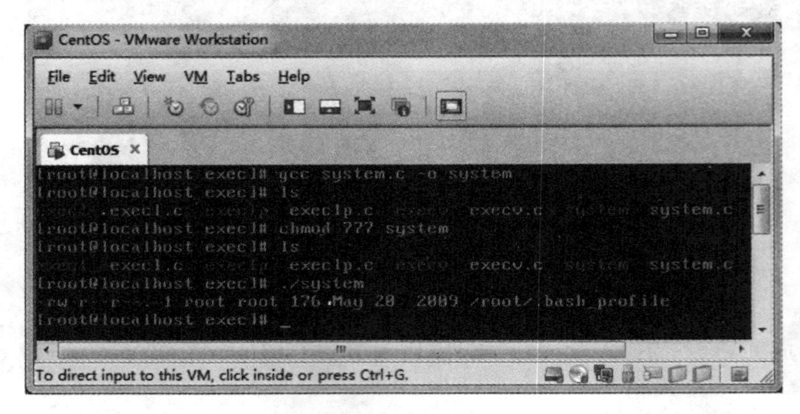

图 9.16　system 执行结果

㊱在虚拟机的/share 目录下新建一个名为 wait 的目录，输入命令“mkdir /share/wait”，在该目录下创建一个名为 wait.c 的文件，输入命令“vi /share/wait/wait.c”。

㊲在 wait.c 文件中录入图 9.17 所示的内容，再存盘退出。

```
#include <stdlib.h>
#include <stdio.h>
int main(void)
{
  pid_t pc,pr;
  pc = fork();
  if( pc == 0 )
    {
      printf("This is child process with pid of %d\n",getpid());
      sleep(10);
    }
  else if( pc > 0 )
    {
      pr = wait(NULL);
      printf("I catched a child process with pid of %d\n",pr);
    }
  exit(0);
  return 0;
}
```

图 9.17　wait.c 文件录入内容

㊳在 wait 目录下输入命令“gcc wait.c-o wait”并回车进行编译。

㊴若生成的 wait 不具备可执行属性，则对其进行修改，输入“chmod 777 wait”并回车。

㊵执行程序，输入“./wait”并回车，执行结果如图 9.18 所示。

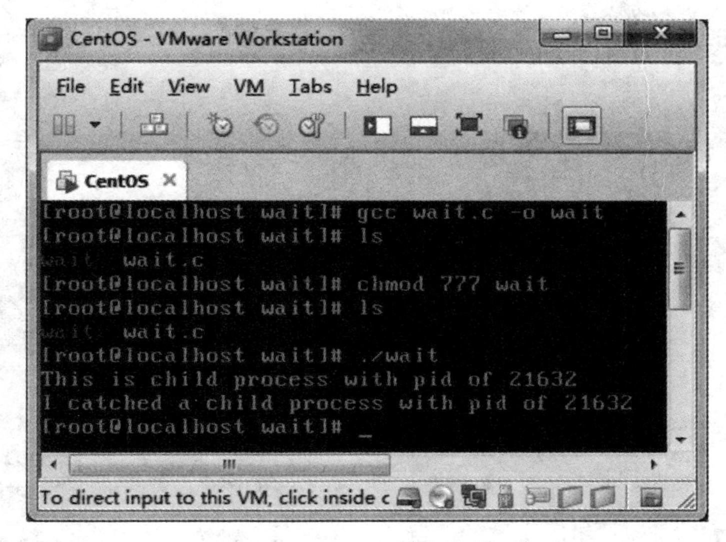

图 9.18　wait 执行结果

(3)利用无名 pipe 及有名 pipe 实现进程间的通信。

具体操作步骤如下。

①在虚拟机的/share 目录下新建一个名为 pipe 的目录，输入命令“mkdir /share/pipe”，在该目录下创建一个名为 pipe.c 的文件，输入命令“vi /share/pipe/pipe.c”。

②在 pipe.c 文件中录入图 9.19 所示的内容，再存盘退出。

③在 pipe 目录下输入命令“gcc pipe.c-o pipe”并回车进行编译。

④若生成的 pipe 不具备可执行属性，则对其进行修改，输入“chmod 777 pipe”并回车。

⑤执行程序，输入“./pipe”并回车，执行结果如图 9.20 所示。

⑥在 pipe 目录下创建一个名为 fifo_write.c 的文件，输入命令“vi /share/pipe/fifo_write.c”。

⑦在 fifo_write.c 文件中录入图 9.21 所示的内容，再存盘退出。

⑧在 pipe 目录下输入命令“gcc fifo_write.c-o fifo_write”并回车进行编译。

⑨若生成的 fifo_write 不具备可执行属性，则对其进行修改，输入“chmod 777 fifo_write”并回车。

⑩先不运行它，再次在 pipe 目录下创建一个名为 fifo_read.c 的文件，输入命令“vi /share/pipe/fifo_read.c”。

⑪在 fifo_read.c 文件中录入图 9.22 所示的内容，再存盘退出。

⑫在 pipe 目录下输入命令“gcc fifo_read.c-o fifo_read”并回车进行编译。

⑬若生成的 fifo_read 不具备可执行属性，则对其进行修改，输入“chmod 777 fifo_read”并回车。

⑭由于是两个进程间的通信，所以还要打开一个终端以便于测试操作，这里使用

```
#include <string.h>
#include <stdio.h>
#include <stdlib.h>
int main(void)
{
  int pipe_fd[2];
  pid_t pid;
  char buf_r[100];
  int r_num;
  memset(buf_r,0,sizeof(buf_r));
  if(pipe(pipe_fd)<0)
   {
     printf("pipe create error\n");
     return -1;
   }
  if((pid=fork())==0)
   {
     printf("\n");
     close(pipe_fd[1]);
     sleep(2);
     if((r_num=read(pipe_fd[0],buf_r,100))>0)
       printf("%d numbers read from the pipe is %s\n",r_num,buf_r);
     close(pipe_fd[0]);
     exit(0);
    }
  else if(pid>0)
   {
     close(pipe_fd[0]);
     if(write(pipe_fd[1],"Hello",5) != -1)
       printf("parent write1 Hello!\n");
     if(write(pipe_fd[1]," Pipe",5) != -1)
       printf("parent write2 Pipe!\n");
     close(pipe_fd[1]);
     waitpid(pid,NULL,0);
     exit(0);
    }
  return 0;
}
```

图 9.19 pipe.c 文件录入内容

SSH 方式连接到虚拟机，可通过 SecureCRT 打开一个终端窗口。

⑮要在虚拟机的/share/pipe 目录下运行 fifo_read 文件，只要输入“./fifo_read”并回车即可，此时会连续显示出“read from FIFO”的信息。

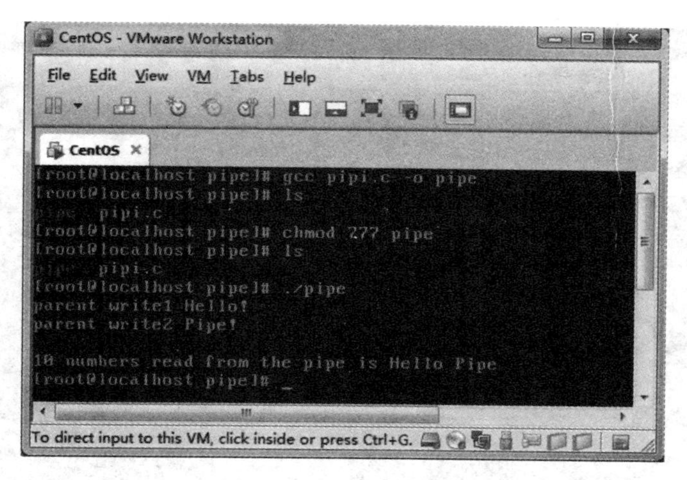

图 9.20　pipe 执行结果

```
#include <errno.h>
#include <fcntl.h>
#include <stdio.h>
#include <stdlib.h>
#include <string.h>
#define FIFO_SERVER "/tmp/myfifo"
int main(int argc,char** argv)
{
  int fd;
  char w_buf[100];
  int nwrite;
  fd=open(FIFO_SERVER,O_WRONLY|O_NONBLOCK,0);
  if(argc==1)
   {
     printf("Please send something\n");
     exit(-1);
   }
  strcpy(w_buf,argv[1]);
  if((nwrite=write(fd,w_buf,100))==-1)
   {
     if(errno==EAGAIN)
     printf("The FIFO has not been read yet.Please try later\n");
  }
  else
   printf("write %s to the FIFO\n",w_buf);
}
```

图 9.21　fifo_write.c 文件录入内容

```
#include <errno.h>
#include <fcntl.h>
#include <stdio.h>
#include <stdlib.h>
#include <string.h>
#define FIFO "/tmp/myfifo"
int main(int argc,char** argv)
{
  char buf_r[100];
  int  fd;
  int  nread;
  if((mkfifo(FIFO,O_CREAT|O_EXCL)<0)&&(errno!=EEXIST))
     printf("cannot create fifoserver\n");
  printf("Preparing for reading bytes...\n");
  memset(buf_r,0,sizeof(buf_r));
  fd=open(FIFO,O_RDONLY|O_NONBLOCK,0);
  if(fd==-1)
   {
     perror("open");
     exit(1);
   }
  while(1)
{
     memset(buf_r,0,sizeof(buf_r));
     if((nread=read(fd,buf_r,100))==-1)
      {
        if(errno==EAGAIN)
        printf("no data yet\n");
      }
     printf("read %s from FIFO\n",buf_r);
     sleep(1);
   }
   pause();
   unlink(FIFO);
}
```

图 9.22　fifo_read.c 文件录入内容

⑯从 SecureCRT 打开的终端窗口中，进入/share/pipe 目录下，输入“./fifo_write hello”命令并回车运行，此时可以在虚拟机中看到打印了一行“read hello from FIFO”，说明两个进程间通过有名 pipe 通信成功，具体如图 9.23 和图 9.24 所示。

(4)所有程序先在虚拟机上运行，然后交叉编译到嵌入式系统实验箱中运行。

具体操作步骤如下。

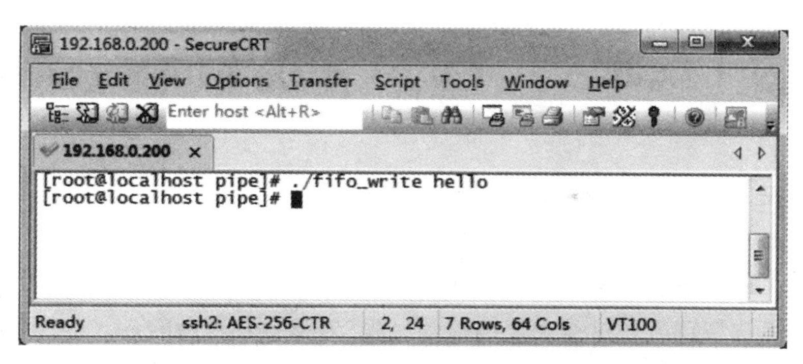

图 9.23　输入命令并运行

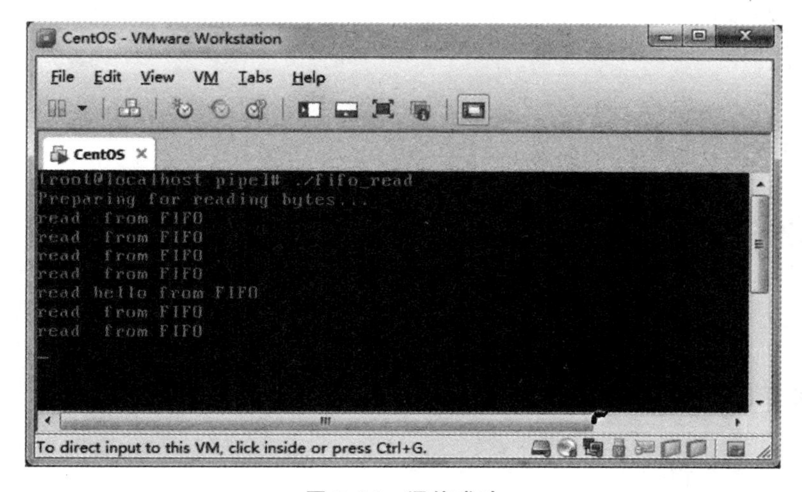

图 9.24　通信成功

①把前面所有实验步骤中编译时使用的 gcc 工具换成 arm-linux-gcc 工具（或 armv4l-unknown-linux-gcc 工具）即可实现程序的交叉编译。

②交叉编译后生成的文件通过网络输送到实验箱中，在实验箱中更改文件的可执行属性，就可在实验箱中运行了，其余步骤不变。

实验十　嵌入式 Linux 系统下的文件编程

一、实验目的

(1)了解 Linux 系统下文件编程的两种方式。

(2)掌握系统调用方式进行文件编程的过程,为驱动开发做准备。

二、实验设备

(1)PC。

(2)嵌入式系统实验箱。

三、实验性质

验证性实验。

四、实验内容

(1)通过程序实现创建文件。

(2)通过程序实现打开和关闭文件。

(3)通过程序实现对文件的读/写。

(4)通过程序实现对文件大小的判断。

(5)通过程序实现对文件属性的判断。

五、实验原理

在 Linux 系统中,所有设备都是以文件的形式呈现的,所以如果要通过程序来操作设备,就必须学会操作文件,本实验验证了在 Linux 系统下对文件进行的操作,为后续驱动程序开发打下基础。

六、实验步骤

(1)利用系统调用函数 creat()实现文件的创建。

具体操作步骤如下。

①在虚拟机的/share 目录下新建一个名为 file 的目录，输入命令 “mkdir /share/file”，在该目录下创建一个名为 file_create. c 的文件，输入命令“vi /share/file/file_create. c”。

②在 file_create. c 文件中录入图 10.1 所示的内容，再存盘退出。

```
#include <stdio.h>
#include <stdlib.h>
void create_file(char *filename)
{
   if(creat(filename,0755)<0)
     {
        printf("create file %s failure!\n",filename);
        exit(EXIT_FAILURE);
     }
   else
        printf("create file %s success!\n",filename);
}
int main(int argc,char *argv[])
{
   int i;
   if(argc<2)
     {
        perror("you haven't input the filename,please try again!\n");
        exit(EXIT_FAILURE);
     }
   else
     {
        for(i=1;i<argc;i++)
          create_file(argv[i]);
        exit(EXIT_SUCCESS);
     }
}
```

图 10.1　file_create. c 文件录入内容

③在 file 目录下输入命令“gcc file_create. c -o file_create”并回车进行编译。

④若生成的 file_create 不具备可执行属性，则对其进行修改，输入“chmod 777 file_create”并回车。

⑤执行程序，输入“. /file_create abc”并回车，成功后可看见当前目录下新创建的文件 abc，执行结果如图 10.2 所示。

(2)利用系统调用函数 open()实现文件的打开及创建，用 close()实现对文件的关闭。

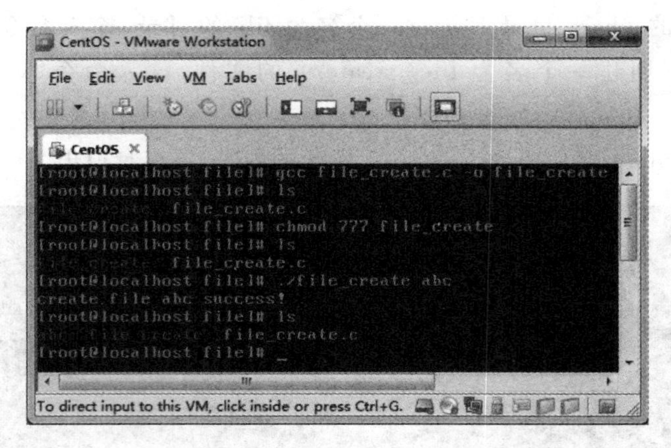

图 10.2　创建文件执行结果

具体操作步骤如下。

①在 file 目录下创建一个名为 file_open. c 的文件，输入命令“vi /share/file/file_open. c”。

②在 file_open. c 文件中录入图 10.3 所示的内容，再存盘退出。

```c
#include <stdio.h>
#include <stdlib.h>
#include <fcntl.h>
int main(int argc,char *argv[])
{
  int fd;
  if(argc<2)
    {
        puts("please input the open file pathname!\n");
        exit(1);
     }
  if((fd=open(argv[1],O_CREAT|O_RDWR,0777))<0)
     {
        perror("open file failure!\n");
        exit(1);
     }
  else
     printf("open file %d success!\n",fd);
  close(fd);
  exit(0);
}
```

图 10.3　file_open. c 文件录入内容

③在 file 目录下输入命令“gcc file_open. c-o file_open”并回车进行编译。

④若生成的 file_open 不具备可执行属性，则对其进行修改，输入“chmod 777 file_open”并回车。

⑤执行程序，输入“. /file_open abc”并回车，显示文件打开成功并返回文件描述符，接着输入“. /file_open 123”并回车，打开一个不存在的文件，可看见程序创建了名为 123 的文件并把它打开，同样成功返回了文件描述符，执行结果如图 10.4 所示。

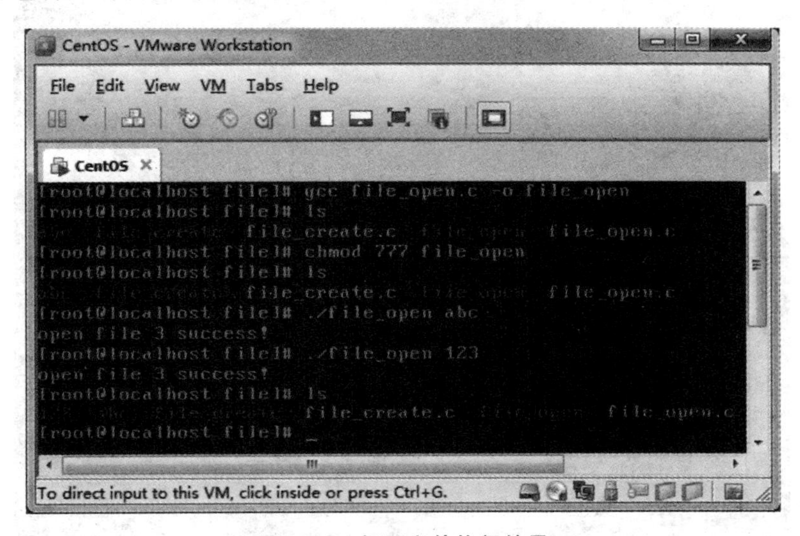

图 10.4　打开文件执行结果

(3)利用系统调用函数 read()及 write()实现对文件的读/写。

具体操作步骤如下。

①在 file 目录下创建一个名为 file_copy. c 的文件，输入命令“vi /share/file/file_copy. c”。

②在 file_copy. c 文件中录入图 10. 5 所示的内容，再存盘退出。

③在 file 目录下输入命令“gcc file_copy. c-o file_copy”并回车进行编译。

④若生成的 file_copy 不具备可执行属性，则对其进行修改，输入“chmod 777 file_copy”并回车。

⑤先在 file 目录下新建一个名为 temp 的目录，然后执行程序，输入“. /file_copy abc. /temp/abc”并回车，然后进入到 temp 目录，可看见文件 abc 已经被复制过来了，执行结果如图 10. 6 所示。

(4)利用系统调用函数 lseek()实现对文件大小的测量。

具体操作步骤如下。

①在虚拟机的/share 目录下新建一个名为 lseek 的目录，输入命令 “mkdir /share/lseek”，在该目录下创建一个名为 lseek. c 的文件，输入命令“vi /share/lseek/lseek. c”。

②在 lseek. c 文件中录入图 10. 7 所示的内容，再存盘退出。

```
#include <fcntl.h>
#include <stdio.h>
#include <stdlib.h>
#include <errno.h>
#include <sys/stat.h>
#define BUFFER_SIZE 1024
int main(int argc,char **argv)
{
  int from_fd,to_fd;
  int bytes_read,bytes_write;
  char buffer[BUFFER_SIZE];
  char *ptr;
  if(argc != 3)
    {
      fprintf(stderr,"Usage:%s fromfile tofile/n/a",argv[0]);
      exit(1);
    }
   if((from_fd = open(argv[1],O_RDONLY)) == -1)
     {
       fprintf(stderr,"Open %s Error %s/n",argv[1],strerror(errno));
       exit(1);
     }
   if((to_fd = open(argv[2],O_WRONLY|O_CREAT,S_IRUSR|S_IWUSR)) == -1)
     {
       fprintf(stderr,"Open %s Error %s/n",argv[2],strerror(errno));
       exit(1);
     }
   while(bytes_read = read(from_fd,buffer,BUFFER_SIZE))
     {
       if((bytes_read == -1) && (errno != EINTR)) break;
       else if(bytes_read > 0)
         {
           ptr = buffer;
           while(bytes_write = write(to_fd,ptr,bytes_read))
             {
               if((bytes_write == -1) && (errno != EINTR)) break;
               else if(bytes_write == bytes_read) break;
                 else if(bytes_write > 0)
                   {
                     ptr += bytes_write;
                     bytes_read -= bytes_write;
                   }
             }
           if(bytes_write == -1) break;
         }
     }
   close(from_fd);
   close(to_fd);
   exit(0);
}
```

图 10.5　file_copy.c 文件录入内容

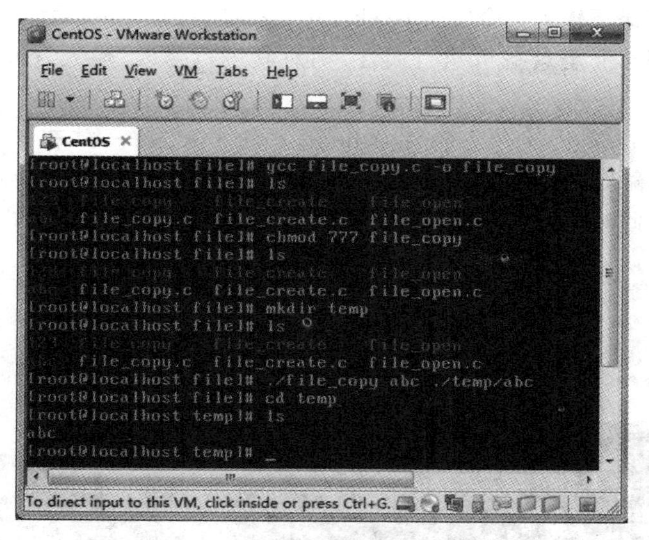

图 10.6　复制文件执行结果

```
#include <stdio.h>
#include <stdlib.h>
#include <fcntl.h>
int main(int argc,char *argv[])
{
    int fd;
    off_t currpos;
    if(argc<2)
      {
          puts("please input the open file pathname!\n");
          exit(1);
      }
    if((fd=open(argv[1],O_CREAT|O_RDWR,0777))<0)
      {
          perror("open file failure!\n");
          exit(1);
      }
    else
      {
          currpos = lseek(fd, 0, SEEK_END);
          printf("file %s size is : %ld\n",argv[1],currpos);
      }
    close(fd);
    exit(0);
}
```

图 10.7　lseek.c 文件录入内容

③在 lseek 目录下输入命令“gcc lseek. c-o lseek”并回车进行编译。

④若生成的 lseek 不具备可执行属性，则对其进行修改，输入“chmod 777 lseek”并回车。

⑤先在 lseek 目录下新建一个名为 hello. c 的文本文件，并在该文件中输入一句“Hello world!”，输入“echo Hello world! ≫hello”并回车，然后输入“. /lseek hello”命令并回车执行程序，此时可看到屏幕打印出文件 hello. c 的长度，结果如图 10.8 所示。

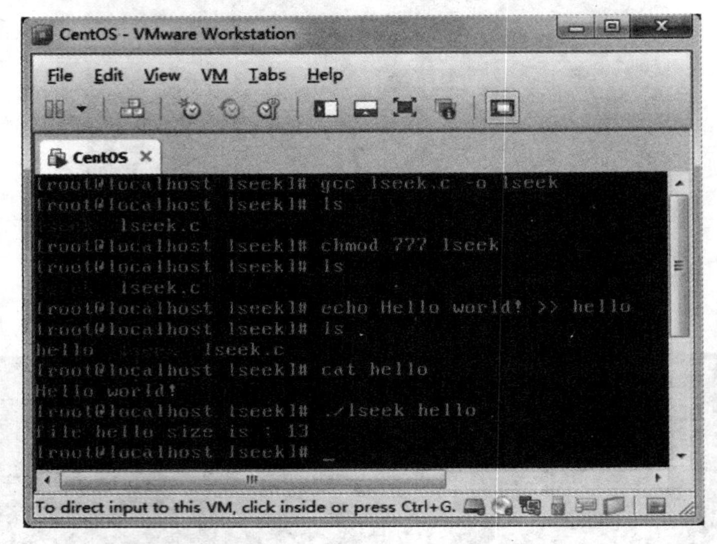

图 10.8 测量文件大小执行结果

(5)利用系统调用函数 access()实现对文件属性的判断。

①在虚拟机的/share 目录下新建一个名为 access 的目录，输入命令“mkdir /share/access”，在该目录下创建一个名为 access. c 的文件，输入命令“vi /share/access/access. c”。

②在 access. c 文件中录入图 10.9 所示的内容，再存盘退出。

```
#include <unistd.h>
#include <stdio.h>
int main(void)
{
    if(access("/etc/passwd",R_OK) == 0)
      printf("/etc/passwd can be read!\n");
    else
      printf("/etc/passwd can not be read!\n");
}
```

图 10.9 access. c 文件录入内容

③在 access 目录下输入命令“gcc access. c-o access”并回车进行编译。

④若生成的 access 不具备可执行属性，则对其进行修改，输入“chmod 777 access”并

回车。

⑤执行程序，输入“./access”并回车，可看到返回的/etc/passwd 文件属性可读，如图10.10所示。

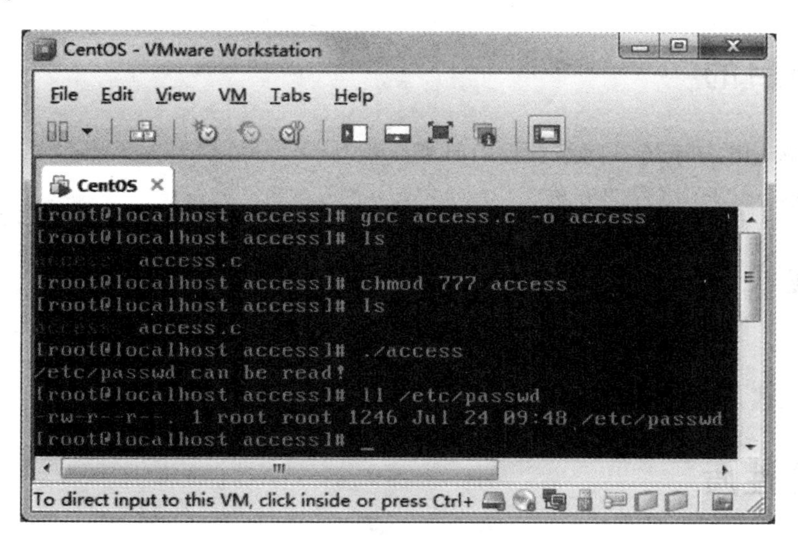

图 10.10　判断文件属性执行结果

(6)所有程序先在虚拟机上运行，然后交叉编译到嵌入式系统实验箱中运行。

具体操作步骤如下。

①把前面所有实验步骤中编译时使用的 gcc 工具换成 arm-linux-gcc 工具(或 armv4l-unknown-linux-gcc 工具)即可实现程序的交叉编译。

②交叉编译后生成的文件通过网络输送到实验箱中，在实验箱中更改文件的可执行属性，就可在实验箱中运行了，其余步骤不变。

实验十一　嵌入式 Linux 系统网络应用开发

一、实验目的

(1)了解 Linux 系统下网络编程的原理。

(2)掌握 Socket 编程的方法。

二、实验设备

(1)PC。

(2)嵌入式系统实验箱。

三、实验性质

验证性实验。

四、实验内容

(1)编写 Server 端程序。

(2)对 Server 端程序进行交叉编译。

(3)编写 Client 端程序。

(4)对 Client 端程序进行本地编译。

(5)验证网络通信结果。

五、实验原理

网络通信依赖于网络编程,在 Linux 系统中,基于套接字编程的网络应用占据了很大的比重,本实验验证了在 Linux 系统下 Socket 套接字编程的方法,为后续网络开发打下基础。

六、实验步骤

(1)编写服务端程序 server. c,并编写配套的 Makefile 文件。

具体操作步骤如下。

①在虚拟机的/share 目录下新建一个名为 server 的目录,输入命令"mkdir /share/server",在该目录下创建一个名为 server. c 的文件,输入命令"vi /share/server/server. c"。

②在 server. c 文件中录入图 11. 1 所示的内容，再存盘退出。

```
#include <stdio.h>
#include <stdlib.h>
#include <errno.h>
#include <string.h>
#include <unistd.h>
#include <netinet/in.h>
#include <sys/types.h>
#include <sys/socket.h>
int main(void)
{
	int socket_fd, new_fd;
	struct sockaddr_in local_addr;
	struct sockaddr_in client_addr;
	int sin_size;
	char buff[100];
	if((socket_fd = socket(AF_INET, SOCK_STREAM, 0)) == -1)
	{
		perror("socket error!\n");
		exit(1);
	}
	printf("socket success!, socket_fd=%d\n", socket_fd);
	local_addr.sin_family = AF_INET;
	local_addr.sin_port = htons(8000);
	local_addr.sin_addr.s_addr = INADDR_ANY;
	bzero(&(local_addr.sin_zero), 8);
	if(bind(socket_fd, (struct sockaddr *)&local_addr, sizeof(struct sockaddr)) == -1)
	{
		perror("bind error!\n");
		exit(1);
	}
	printf("bind success!\n");
	if(listen(socket_fd, 2) == -1)
	{
		perror("listen error!\n");
		exit(1);
	}
	printf("Listening....\n");
	while(1) {
		sin_size = sizeof(struct sockaddr_in);
		if((new_fd = accept(socket_fd, (struct sockaddr *)&client_addr, &sin_size)) == -1)
		{
			perror("accept error!\n");
			exit(1);
		}
```

图 11. 1　server. c 文件录入内容

```
    if(!fork())
      {
        if(recv(new_fd, buff, 40, 0) == -1)
          {
            perror("recv error!\n");
            exit(1);
          }
        printf(" %s\n", buff);
        if(send(new_fd, "Hi! This message comes from the server.", 40, 0) == -1)
            perror("send error!\n");
        close(new_fd);
        exit(1);
      }
    }
    close(socket_fd);
}
```

续图 11.1

③在 server 目录下创建一个名为 Makefile 的文件，输入命令“vi /share/server/Makefile”。

④在 Makefile 文件中录入图 11.2 所示的内容，再存盘退出。

```
EXTRA_LIBS += -lpthread
CC = arm-linux-gcc
EXEC = ./server
OBJS = server.o
all:$(EXEC)
$(EXEC):$(OBJS)
	$(CC) $(LDFLAGS) -o $@ $(OBJS) $(EXTRA_LIBS)
install:
	$(EXP_INSTALL) $(EXEC) $(INSTALL_DIR)
clean:
	-rm -f $(EXEC) *.elf *.gdb *.o
```

图 11.2　Makefile 文件录入内容(1)

(2)执行 make 命令制作出可执行程序 server。

具体操作步骤如下。

①在 server 目录下输入“make”命令并回车，对程序进行交叉编译，若成功则在当前目录会生成一个名为 server 的文件。

②输入命令“chmod 777 server”并回车，更改文件为可执行属性。

(3)编写客户端程序 client. c，并编写配套的 Makefile 文件。

具体操作步骤如下。

①在虚拟机的/share 目录下新建一个名为 client 的目录，输入命令“mkdir /share/client”，在该目录下创建一个名为 client. c 的文件，输入命令“vi /share/client/client. c”。

②在 client. c 文件中录入图 11. 3 所示的内容，再存盘退出。

```
#include <stdio.h>
#include <stdlib.h>
#include <errno.h>
#include <string.h>
#include <netdb.h>
#include <netinet/in.h>
#include <sys/types.h>
#include <sys/socket.h>
int main(int argc, char * argv[])
{
    int socket_fd;
    struct hostent * target;
    struct sockaddr_in server_addr;
    int i = 0;
    char buf[100];
    target = gethostbyname(argv[1]);
    if((socket_fd = socket(AF_INET, SOCK_STREAM, 0)) == -1)
        {
            perror("socket errot!\n");
            exit(1);
        }
    server_addr.sin_family = AF_INET;
    server_addr.sin_port = htons(8000);
    server_addr.sin_addr = *((struct in_addr *)target -> h_addr);
    bzero(&(server_addr.sin_zero), 8);
    if(connect(socket_fd, (struct sockaddr *)&server_addr, sizeof(struct sockaddr)) == -1)
        {
            perror("connect error!\n");
            exit(1);
            }
    if(send(socket_fd, "Hi! This message comes from the client.", 40, 0) == -1)
        {
            perror("send error!\n");
            exit(1);
        }
    if(recv(socket_fd, buf, 100, 0) == -1)
        {
            perror("recv error!\n");
            exit(1);
        }
    printf("result: %s\n", buf);
    close(socket_fd);
    return 0;
}
```

图 11. 3　client. c 文件录入内容

③在 client 目录下创建一个名为 Makefile 的文件，输入命令“vi /share/client/Makefile”。

④在 Makefile 文件中录入图 11. 4 所示的内容，再存盘退出。

```
EXTRA_LIBS += -lpthread
CC = gcc
EXEC = ./client
OBJS = client.o
all:$(EXEC)
$(EXEC):$(OBJS)
	$(CC) $(LDFLAGS) -o $@ $(OBJS) $(EXTRA_LIBS)
install:
	$(EXP_INSTALL) $(EXEC) $(INSTALL_DIR)
clean:
	-rm -f $(EXEC) *.elf *.gdb *.o
```

图 11.4　Makefile 文件录入内容(2)

(4)执行 make 命令制作出可执行程序 client。

具体操作步骤如下。

①在 client 目录下输入“make”命令并回车，对程序进行交叉编译，若成功则在当前目录会生成一个名为 client 的文件。

②输入命令“chmod 777 client”并回车，更改文件为可执行属性。

(5)验证网络通信。

具体操作步骤如下。

①把刚才交叉编译好的服务端程序 server 下载到实验箱中，并将其更改为可执行属性。

②在实验箱上运行输入命令“./server”并回车，运行服务端程序，程序执行后进入接收侦听状态，如图 11.5 所示。

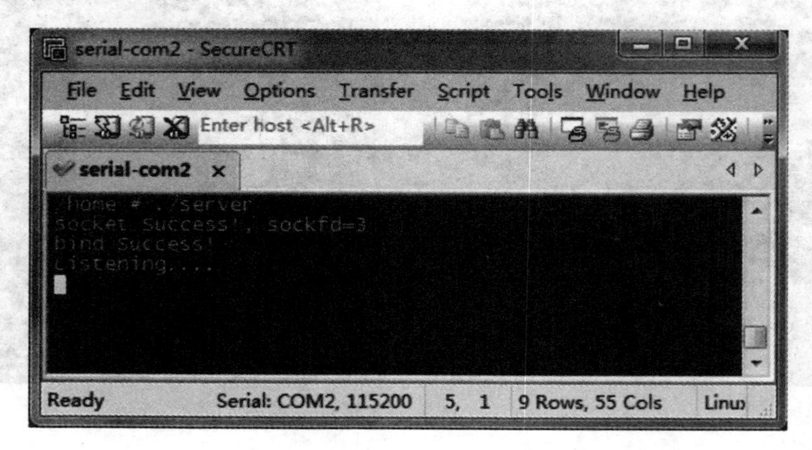

图 11.5　程序执行结果

③在虚拟机的 Linux 下运行客户端程序 client，在/share/client 目录下输入命令“./client 192.168.0.121”并回车，向实验箱中的服务端程序 server 发信息。

④若通信成功，则在实验箱的服务端会打印出信息，如图 11.6 所示。同时，虚拟机下的客户端也会收到服务端发来的信息，如图 11.7 所示。

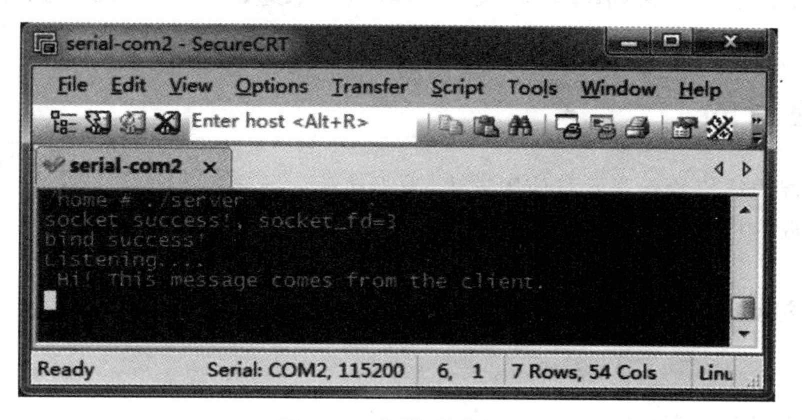

图 11.6　通信成功(1)

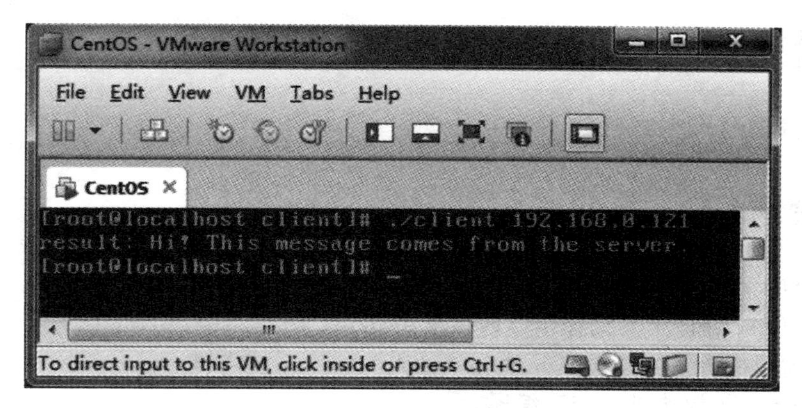

图 11.7　通信成功(2)

实验十二　嵌入式 Linux 系统内核模块开发

一、实验目的

(1)掌握内核模块的开发及使用方法,为驱动开发做准备。

(2)掌握内核模块操作的相关命令。

二、实验设备

(1)PC。

(2)嵌入式系统实验箱。

三、实验性质

验证性实验。

四、实验内容

(1)编写内核模块程序 hello. c 及配套的 Makefile 文件。

(2)使用 gcc 编译工具编译生成内核模块 hello. ko。

(3)在虚拟机中把内核模块 hello. ko 插入 Linux 系统内核。

(4)对 hello. c 模块进行交叉编译。

(5)把交叉编译生成的内核模块插入到实验箱 Linux 系统内核。

五、实验原理

内核模块程序与普通应用程序的区别非常大,内核模块程序属于操作系统内核部分,它有着严格的框架结构。本实验通过一个简单的 hello 程序,验证了 Linux 系统下内核模块程序的开发方法,为后续驱动程序开发打下基础。

六、实验步骤

(1)编写内核模块程序 hello. c,并编写配套的 Makefile 文件。

具体操作步骤如下。

①在虚拟机的/share 目录下新建一个名为 module 的目录,输入命令“mkdir /share/module”,在该目录下创建一个名为 hello. c 的文件,输入命令“vi /share/module/hello. c”。

②在 hello.c 文件中录入图 12.1 所示的内容，再存盘退出。

```
#include <linux/module.h>
#include <linux/init.h>
#include <linux/kernel.h>
MODULE_LICENSE("GPL");
MODULE_AUTHOR("fengxun");
MODULE_DESCRIPTION("Hello World Module");
static int __init hello_init()
{
    printk(KERN_EMERG"Hello World!\n");
    return 0;
}
static void __exit hello_exit()
{
    printk("<1>Goodbye!\n");
}
module_init(hello_init);
module_exit(hello_exit);
```

图 12.1　hello.c 文件录入内容

③在 module 目录下创建一个名为 Makefile 的文件，输入命令“vi /share/module/Makefile”。

④在 Makefile 文件中录入图 12.2 所示的内容，再存盘退出。

```
ifneq ($(KERNELRELEASE),)
obj-m := hello.o
else
KDIR := /lib/modules/2.6.32-504.el6.i686/build
all:
	make -C $(KDIR) M=$(PWD) modules
clean:
	rm -f *.ko *.o *.mod.o *.mod.c *.symvers *.order
endif
```

图 12.2　Makefile 文件录入内容(1)

(2)执行 make 命令制作出内核模块 hello.ko。

具体操作步骤如下。

①在制作内核模块之前，先要确保已安装了内核源代码，此处要特别注意，这里使用的内核源代码必须是当前运行的 Linux 系统版本的，而不是网上下载的，否则生成的内核模块不能插入到当前运行的 Linux 系统中。若内核源代码已安装，进入目录“cd /usr/

src/kernels/2.6.32-504.el6.i686”即可看到。

②输入“cd /lib/modules/2.6.32-504.el6.i686”并回车，查看一下内核模组目录，其中有两个链接文件 build 和 source，输入命令“ls-l”进行查看，其中 source 是指向 build 的，而 build 则是指向/usr/src/kernels/2.6.32-504.el6.i686 内核目录的，它们在编译内核模块时会用到。

③在 module 目录下输入“make”并回车进行内核模块的编译，若成功，则当前目录会生成多个文件，其中名为 hello.o 和 hello.ko 的文件就是要用到的内核模块文件(一般2.4.X及以下版本的内核使用 hello.o 文件，2.6.X 及以上版本的内核使用 hello.ko 文件)。

④输入命令“modinfo hello.ko”并回车，查看模块信息。

(3)把 hello.ko 模块插入内核，并观察屏幕打印出的信息。

具体操作步骤如下。

①在 module 目录下输入“insmod hello.ko”并回车，模块插入内核，并在屏幕上打印出“Hello World!”的信息，如图 12.3 所示。

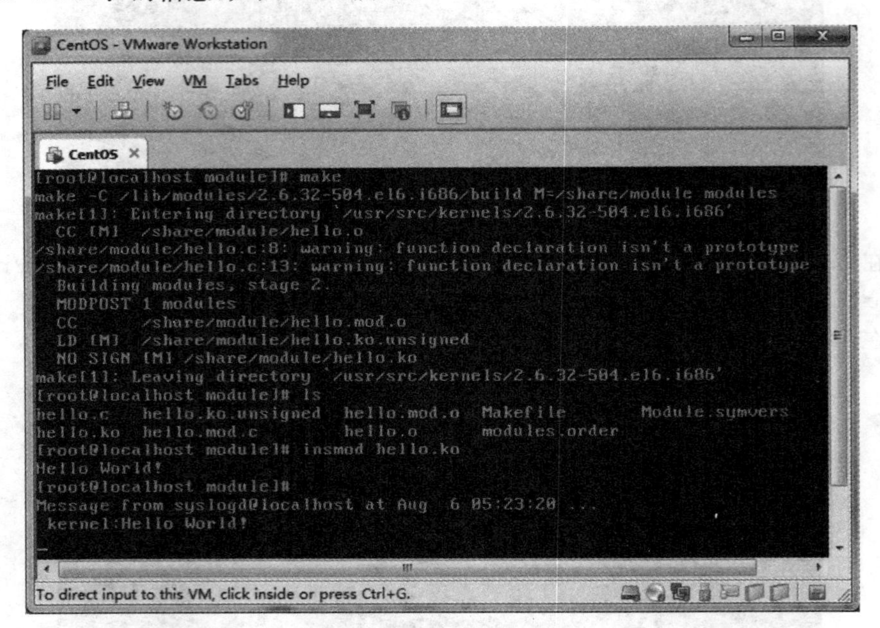

图 12.3　模块插入内核

②模块插入内核后，可通过执行命令“lsmod”来查看内核模块的情况。

(4)把 hello.ko 模块移出内核，并观察屏幕打印出的信息。

具体操作步骤如下。

①在 module 目录下输入“rmmod hello”(注意此处是“hello”，不是“hello.ko”)并回车，模块移出内核并在屏幕上打印出“Goodbye!”的信息，如图 12.4 所示。

②模块移出内核后，再次执行命令“lsmod”，可看到刚才插入的 hello 模块已经消失了。

(5)所有程序先在虚拟机上运行，然后交叉编译到嵌入式系统实验箱中运行。

具体操作步骤如下。

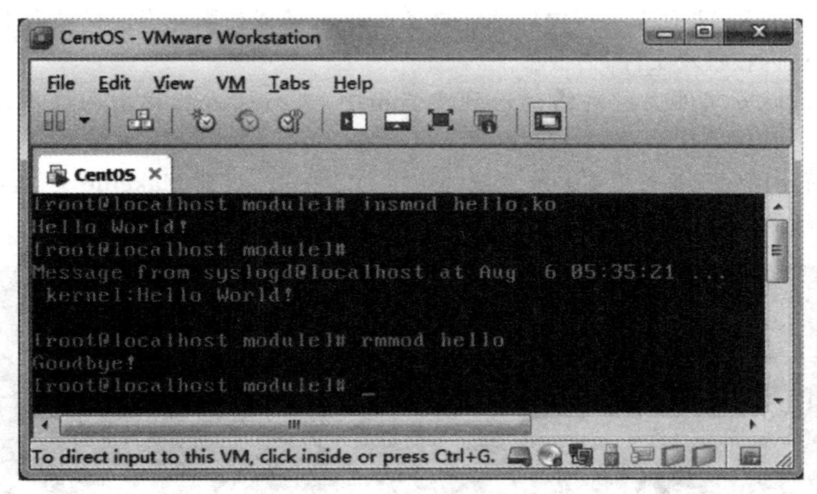

图 12.4　模块移出内核

①若所使用的实验箱上 Linux 系统的版本为 2.4.18，则把前面实验中的 Makefile 文件内容改成图 12.5 所示的形式，hello.c 文件保持不变。

```
TOPDIR  := .
KERNELDIR = /arm2410cl/kernel/linux-2.4.18-2410cl/
INCLUDEDIR = $(KERNELDIR)/include
CROSS_COMPILE=armv4l-unknown-linux-

AS      =$(CROSS_COMPILE)as
LD      =$(CROSS_COMPILE)ld
CC      =$(CROSS_COMPILE)gcc
CPP     =$(CC) -E
AR      =$(CROSS_COMPILE)ar
NM      =$(CROSS_COMPILE)nm
STRIP   =$(CROSS_COMPILE)strip
OBJCOPY =$(CROSS_COMPILE)objcopy
OBJDUMP =$(CROSS_COMPILE)objdump
CFLAGS += -I..
CFLAGS += -Wall -O -D__KERNEL__ -DMODULE -I$(INCLUDEDIR)

TARGET = hello.o
all: $(TARGET)
hello.o:hello.c
	$(CC) -c $(CFLAGS) $^ -o $@
clean:
	rm -f *.o *~ core .depend
```

图 12.5　Makefile 文件录入内容(2)

②输入“make”并回车进行内核模块的交叉编译,若成功则在当前目录会生成一个名为 hello.o 的内核模块文件。

③把 hello.o 文件通过网络输送到实验箱中,进行插入和移出的操作,实验步骤不变。

④若所使用的实验箱上 Linux 系统的版本为 2.6.32.2,则 Makefile 文件内容要改成图 12.6 所示的形式,hello.c 文件保持不变。

```
KERNELDIR = /usr/local/src/linux-2.6.32.2

obj-m  := hello.o

all:
	make -C $(KERNELDIR) M=$(PWD) modules
clean:
	make -C $(KERNELDIR) M=$(PWD) modules clean
	rm -rf modules.order
```

图 12.6　Makefile 文件录入内容(3)

⑤注意,对于图 12.6 所示代码中的第一句,KERNELDIR 后面录入的是具体实验时所放置的 Linux 系统源代码目录,此源代码版本必须与实验箱中 Linux 系统的版本一致。

⑥输入“make”并回车进行内核模块的交叉编译,若成功,则在当前目录会生成一个名为 hello.ko 的内核模块文件。

⑦把 hello.ko 文件通过网络输送到实验箱中,进行插入和移出的操作,实验步骤不变。

实验十三　嵌入式Linux系统下的LED控制

一、实验目的

（1）掌握Linux系统下的驱动程序开发方法。
（2）掌握字符型驱动的完整开发设计过程。

二、实验设备

（1）PC。
（2）嵌入式系统实验箱。

三、实验性质

验证性实验。

四、实验内容

（1）分析LED接口电路。
（2）编写LED的驱动程序以及配套的Makefile文件。
（3）交叉编译驱动程序，生成驱动模块文件。
（4）下载驱动模块文件到实验箱并插入内核。
（5）手动建立设备节点文件。
（6）编写LED控制的应用程序并进行交叉编译。
（7）下载应用程序到实验箱并验证LED亮/灭控制。

五、实验原理

驱动程序是内核程序的重要组成部分，由于嵌入式系统是属于定制设备，所以经常会涉及驱动程序的开发。本实验通过一个简单的点亮LED实验，验证了Linux系统下字符设备驱动程序的开发方法。

六、实验步骤

（一）方案一（适用于2.4版本Linux系统内核）

（1）查看实验箱的电路原理图，选定接有LED的端口，分析其亮/灭时的电平状态。

（注：此处以“博创嵌入式系统实验箱”为例。）

具体操作步骤如下。

①打开实验箱配套的光盘，进入目录“经典开发平台硬件文档\经典平台原理图\底板”，找到一个名为 Device. Sch 的 PDF 文件并打开它，在其中找到有三个发光二极管的部分，如图 13.1 所示。

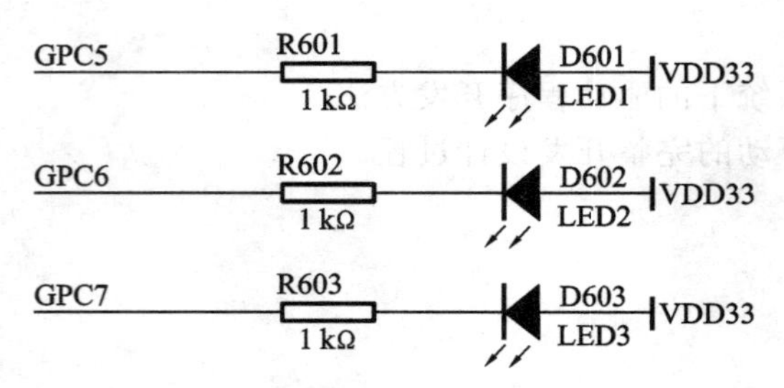

图 13.1　实验电路

②观察图 13.1 所示的发光二极管接法，三个二极管为共阳接法，因此在给 S3C2410 的 GPC5、GPC6、GPC7 端口输出高电平时，三个发光二极管均熄灭，输出低电平时，三个发光二极管均点亮。

（2）编写驱动模块程序 led_drv. c，同时编写一个配套的 Makefile 文件。

具体操作步骤如下。

①在虚拟机的/share 目录下新建一个名为 led 的目录，输入命令“mkdir /share/led”，在该目录下创建一个名为 led_drv. c 的文件，输入命令“vi /share/led/led_drv. c”。

②在 led_drv. c 文件中录入图 13.2 所示的内容，再存盘退出。

③在 led 目录下创建一个名为 Makefile 的文件，输入命令“vi /share/led/Makefile”。

④在 Makefile 文件中录入图 13.3 所示的内容，再存盘退出。

（3）执行 make 命令制作出驱动模块 led_drv. o。

具体操作步骤如下。

①在交叉编译内核驱动模块之前，先要确保已有目标机的内核源代码（即实验箱上有 Linux 系统的内核源代码），本例使用“博创嵌入式系统实验箱”配套光盘上的内核源代码，按光盘内手册上的要求，把内核源代码解压到目录“/arm2410cl/kernel/linux-2. 4. 18-2410cl”下。

②要确保已有交叉编译工具链，本例使用“博创嵌入式系统实验箱”配套光盘上的交叉编译工具，按光盘内手册上的要求，把交叉编译工具链解压到目录“/opt/host/armv4l”下，并把其下的 bin 目录添加到搜索路径中（在～/. bash_profile 文件中加入一句“export PATH＝/opt/host/armv4l/bin：$PATH”即可）。

③在 led 目录下输入“make”并回车，进行驱动模块的编译，若成功，则在当前目录下会生成一个名为“led_drv. o”的驱动模块文件。

（4）利用 insmod led_drv. o 命令插入内核，并用 lsmod 命令进行确认。

```
#include <linux/module.h>
#include <linux/poll.h>
#include <asm/io.h>
#include <asm/hardware.h>
MODULE_LICENSE("GPL");
volatile unsigned long *gpccon = NULL;
volatile unsigned long *gpcdat = NULL;
int major;
static int led_dev_open(struct inode *inode, struct file *file)
{
   *gpccon &= ~((0x3<<(5*2)) | (0x3<<(6*2)) | (0x3<<(7*2)));
   *gpccon |= ((0x1<<(5*2)) | (0x1<<(6*2)) | (0x1<<(7*2)));
   return 0;
}
static ssize_t led_dev_write(struct file *filp, const char *buf,
size_t count, loff_t * f_pos)
{
   int val = 1;
   copy_from_user(&val, buf, count);
   if (val == 1)
      *gpcdat &= ~((1<<5) | (1<<6) | (1<<7));
   else
      *gpcdat |= (1<<5) | (1<<6) | (1<<7);
   return 0;
}
static struct file_operations led_dev_fops = {
   .owner = THIS_MODULE,
   .open = led_dev_open,
   .write = led_dev_write,
};
static int led_dev_init(void)
{
   major = register_chrdev(0, "led_drv", &led_dev_fops);
   gpccon = (volatile unsigned long *)ioremap(0x56000020, 16);
   gpcdat = gpccon + 1;
   return 0;
}
static void led_dev_exit(void)
{
   unregister_chrdev(major, "led_drv");
}
module_init(led_dev_init);
module_exit(led_dev_exit);
```

图 13.2　led_drv.c 文件录入内容(1)

```
TOPDIR  := .
KERNELDIR = /arm2410cl/kernel/linux-2.4.18-2410cl/
INCLUDEDIR = $(KERNELDIR)/include
CROSS_COMPILE=armv4l-unknown-linux-
AS      =$(CROSS_COMPILE)as
LD      =$(CROSS_COMPILE)ld
CC      =$(CROSS_COMPILE)gcc
CPP     =$(CC) -E
AR      =$(CROSS_COMPILE)ar
NM      =$(CROSS_COMPILE)nm
STRIP   =$(CROSS_COMPILE)strip
OBJCOPY =$(CROSS_COMPILE)objcopy
OBJDUMP =$(CROSS_COMPILE)objdump
CFLAGS += -I..
CFLAGS += -Wall -O -D__KERNEL__ -DMODULE -I$(INCLUDEDIR)
TARGET = led_drv.o
all: $(TARGET)
led_drv.o:led_drv.c
	$(CC) -c $(CFLAGS) $^ -o $@
clean:
	rm -f *.o *~ core .depend
```

图 13.3　Makefile 文件录入内容(1)

具体操作步骤如下。

①把 led_drv.o 文件通过网络输送到实验箱中,在实验箱中执行命令"insmod led_drv.o"并回车,把驱动模块插入到内核中去。

②模块插入内核后,通过执行命令"lsmod"来确保驱动模块已经插入到内核。

(5)查看/proc/devices 文件内容,记录为 led_drv 模块分配的主设备号。

具体操作步骤如下。

①在实验箱下输入命令"cat /proc/devices"并回车,会显示一个设备号列表。

②在列表中找到刚才插入的 led_drv 模块,并记录下为其分配的主设备号,如图13.4所示。

(6)利用 mknod 命令建立一个名为 led 的字符设备节点文件。

具体操作步骤如下。

①在实验箱下输入命令"mknod /dev/led c 254 0"(注:此处的主设备号 254 要根据实际从图 13.4 中观察的主设备号来填写,不能照抄)并回车,为插入的 led_drv 驱动模块建立一个设备节点。

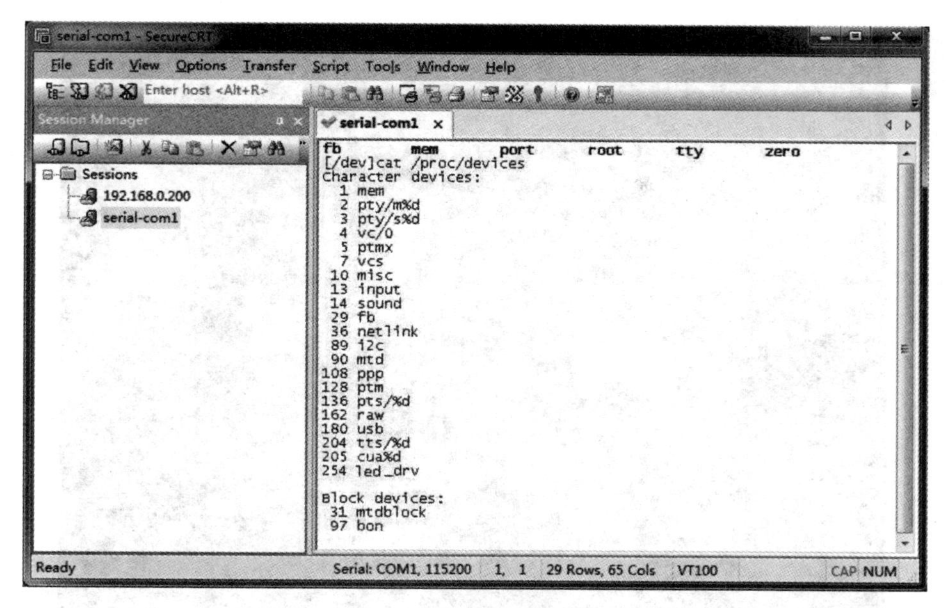

图 13.4　查看主设备号

②进入到设备目录确保设备文件 led 已经建立成功，输入命令“ls /dev/led”。

(7)结合上述设备文件，编写相应的控制程序 led. c，并进行交叉编译生成应用程序 led，以利用其来控制 LED 的亮/灭。

具体操作步骤如下。

①在 led 目录下创建一个名为 led_test. c 的文件，输入命令“vi /share/led/led_test. c”。

②在 led_test. c 文件中录入图 13. 5 所示的内容，再存盘退出。

③在 led 目录下输入命令“armv4l-unknown-linux-gcc led_test. c-o led_test”并回车，进行交叉编译。

④把 led_test 文件通过网络输送到实验箱中去，并在实验箱中执行命令“chmod 777 led_test”为其添加可执行属性。

(8)在嵌入式系统实验箱中运行，观察运行结果。

具体操作步骤如下。

①在实验箱中执行命令“. /led_test on”并回车，可看到实验箱上的三个 LED 均被点亮，如图 13. 6 所示。

②在实验箱中执行命令“. /led_test off”并回车，可看到实验箱上的三个 LED 均被熄灭，如图 13. 7 所示。

(9)加载驱动模块时自动创建设备节点文件方式。

具体操作步骤如下。

①上面驱动需要手动创建设备节点文件，若想自动创建设备节点文件，需要对驱动程序文件 led_drv. c 进行修改，这要先在其中的“int major;”下加入一个全局变量的定义，如图 13. 8 所示。

```
#include <stdio.h>
#include <fcntl.h>
int main(int argc, char **argv)
{
  int fd;
  int val = 1;
  fd = open("/dev/led", O_RDWR);
  if ( fd < 0 )
      printf("can`t open\n");
  if ( argc != 2 )
    {
    printf("Usage :\n");
    printf("%s <on|off>\n", argv[0]);
    return 0;
     }
   if ( strcmp(argv[1], "on") == 0 )
    val = 1;
   else
    val = 0;
  write(fd, &val, 4);
  return 0;
}
```

图 13.5　led_test.c 文件录入内容

图 13.6　LED 点亮

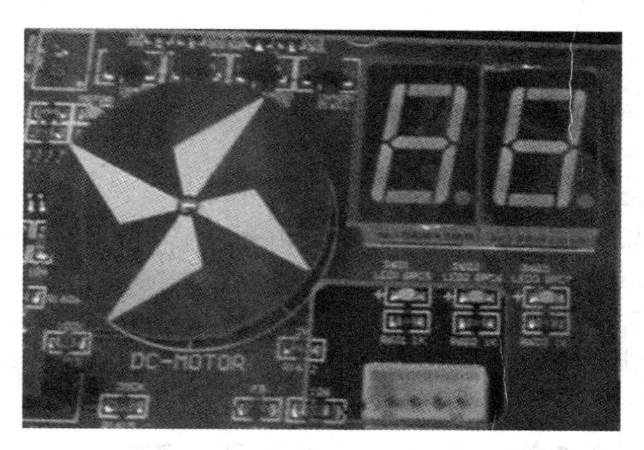

图 13.7　LED 熄灭

```
int major;
static devfs_handle_t devfs_led_dir, devfs_ledraw;
```

图 13.8　加入全局变量变义

②把其中的初始化函数 led_dev_init()改成如图 13.9 所示的形式，其余部分不变。

```
static int led_dev_init(void)
{
  major = register_chrdev(0, "led_drv", &led_dev_fops);
  devfs_led_dir = devfs_mk_dir(NULL, "led", NULL);
  devfs_ledraw = devfs_register(devfs_led_dir, "led", DEVFS_FL_DEFAULT,
  major, 1, S_IFCHR | S_IRUSR | S_IWUSR, &led_dev_fops, NULL);
  gpccon = (volatile unsigned long *)ioremap(0x56000020, 16);
  gpcdat = gpccon + 1;
  return 0;
}
```

图 13.9　修改初始化函数

③更改一下应用程序，把打开设备文件的语句更改为如图 13.10 所示的形式，其余不变。

```
fd = open("/dev/led/led", O_RDWR);
```

图 13.10　修改打开设备文件语句

④与上述步骤相同，分别把驱动程序和应用程序进行编译并下载到实验箱中，然后重复方案一中的步骤(4)～(8)即可，由于驱动模块在插入内核时就自动创建了设备节点文件，所以上面的第(5)～(6)步就可以省略了。

⑤可执行命令“ls /dev/led”来查看自动创建的设备节点文件 led。

(二)方案二(适用于2.6及以上版本Linux系统内核)

(1)查看实验箱的电路原理图,选定接有LED的端口,分析其亮/灭时的电平状态。(注:此处以"博创嵌入式系统实验箱"为例。)

实验步骤同方案一的步骤(1)。

(2)编写驱动模块程序led_drv.c,同时编写一个配套的Makefile文件。

具体操作步骤如下。

①在虚拟机的/share目录下新建一个名为led的目录,输入命令"mkdir /share/led",在该目录下创建一个名为led_drv.c的文件,输入命令"vi /share/led/led_drv.c"。

②在led_drv.c文件中录入图13.11所示的内容,再存盘退出。

```
#include <linux/module.h>
#include <linux/poll.h>
#include <asm/io.h>
#include <linux/device.h>
MODULE_LICENSE("GPL");
volatile unsigned long *gpfcon = NULL;
volatile unsigned long *gpfdat = NULL;
int major;
static struct class *leddrv_class;
static int led_dev_open(struct inode *inode, struct file *file)
{
   *gpccon &= ~((0x3<<(5*2)) | (0x3<<(6*2)) | (0x3<<(7*2)));
   *gpccon |= ((0x1<<(5*2)) | (0x1<<(6*2)) | (0x1<<(7*2)));
   return 0;
}
static ssize_t led_dev_write(struct file *filp, const char *buf,
size_t count, loff_t * f_pos)
{
   int val = 1;
   copy_from_user(&val, buf, count);
   if (val == 1)
      *gpcdat &= ~((1<<5) | (1<<6) | (1<<7));
   else
      *gpcdat |= (1<<5) | (1<<6) | (1<<7);
   return 0;
}
```

图13.11 led_drv.c文件录入内容(2)

```
static struct file_operations led_dev_fops = {
    .owner = THIS_MODULE,
    .open = led_dev_open,
    .write = led_dev_write,
};
static int led_dev_init(void)
{
  major = register_chrdev(0, "led_drv", &led_dev_fops);
  leddrv_class = class_create(THIS_MODULE, "led");
  device_create(leddrv_class, NULL, MKDEV(major, 0), NULL, "led");
  gpfcon = (volatile unsigned long *)ioremap(0x56000050, 16);
  gpfdat = gpfcon + 1;
  return 0;
}
static void led_dev_exit(void)
{
  unregister_chrdev(major, "led_drv");
  device_destroy(leddrv_class, MKDEV(major, 0));
  class_destroy(leddrv_class);
}
module_init(led_dev_init);
module_exit(led_dev_exit);
```

续图 13.11

③在 led 目录下创建一个名为 Makefile 的文件，输入命令“vi /share/led/Makefile”。

④若所使用的实验箱上 Linux 系统的版本为 2.6.32.2，则在 Makefile 文件中录入图 13.12 所示的内容，再存盘退出。

⑤注意，对于图 13.12 中代码的第一句，KERNDIR 后面录入的是具体实验时所放置的 Linux 系统源代码目录，此源代码版本必须与实验箱中 Linux 系统的版本一致。

```
KERNDIR =/usr/local/src/linux-2.6.32.2
obj-m	:= led_drv.o
all:
	make -C $(KERNDIR) M=$(PWD) modules
clean:
	make -C $(KERNDIR) M=$(PWD) modules clean
	rm -fr modules.order
```

图 13.12　Makefile 文件录入内容(2)

(3)执行 make 命令制作出驱动模块 led_drv.ko。

具体操作步骤如下。

在 led 目录下输入“make”并回车，进行驱动模块的编译，若成功，则在当前目录下会生成一个名为 led_drv.ko 的驱动模块文件。

(4)利用 insmod led_drv.ko 命令插入内核,并用 lsmod 命令进行确认。

具体操作步骤如下。

①把 led_drv.ko 文件通过网络输送到实验箱中,在实验箱中执行命令"insmod led_drv.ko"并回车,把驱动模块插入到内核中去。

②模块插入内核后,通过执行命令"lsmod"来确保驱动模块已经插入到内核。

③由于采用了自动生成设备节点的方式,所以在模块插入内核后,设备节点文件就创建完成了,可执行命令"ls /dev/led"来查看设备节点文件。

(5)结合上述设备文件,编写相应的控制程序 led.c,并进行交叉编译生成应用程序 led,以利用其来控制 LED 的亮/灭。

具体操作步骤如下。

①在 led 目录下创建一个名为 led_test.c 的文件,输入命令"vi /share/led/led_test.c"。

②在 led_test.c 文件中录入图 13.5 所示的内容,再存盘退出。

③在 led 目录下输入命令"arm-linux-gcc led_test.c-o led_test"并回车,进行交叉编译。

④把 led_test 文件通过网络输送到实验箱中去,并在实验箱中执行命令"chmod 777 led_test"为其添加可执行属性。

(6)在嵌入式系统实验箱中运行,观察运行结果。

具体操作步骤如下。

①在实验箱中执行命令"./led_test on"并回车,可看到实验箱上的三个 LED 均被点亮。

②在实验箱中执行命令"./led_test off"并回车,可看到实验箱上的三个 LED 均被熄灭。

实验效果与方案一完全一致。

实验十四　嵌入式 Linux 系统下的按键中断实验

一、实验目的

（1）了解 Linux 系统下程序的中断机制。
（2）掌握字符型输入设备驱动程序的开发方法。

二、实验设备

（1）PC。
（2）嵌入式系统实验箱。

三、实验性质

验证性实验。

四、实验内容

（1）分析按键接口电路。
（2）编写按键中断驱动程序以及配套的 Makefile 文件。
（3）交叉编译驱动程序，生成驱动模块文件。
（4）下载驱动到实验箱进行按键中断验证。

五、实验原理

按键是实现输入处理的有效方式，在嵌入式系统中经常会涉及按键驱动程序的开发。本实验通过一个按键中断驱动程序，验证了 Linux 系统下高效率输入设备驱动程序的开发过程。

六、实验步骤

（一）方案一（适用于 2.4 版本 Linux 系统内核）

（1）查看实验箱的电路原理图，选定接有中断按键的端口，分析其高/低电平时的状态。（注：此处以“博创嵌入式系统实验箱”为例。）

具体操作步骤如下。

①打开实验箱配套的光盘，进入目录“经典开发平台硬件文档\经典平台原理图\底板”，找到一个名为 Device. Sch 的 PDF 文件并打开它，在其中找到按键中断的部分，如图 14.1 所示。

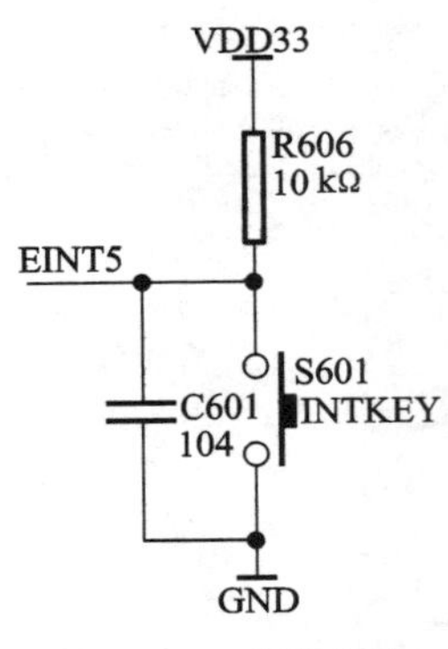

图 14.1　实验电路

②观察图 14.1 所示的按键，按键通过一个 10 kΩ 的电阻上拉到正电源 VDD 端，当按键未按下时，EINT5 端口为高电平，当按键按下时，EINT5 端口为低电平，因此，当按下和释放按键的瞬间，在 EINT5 端口会产生一个电平的下降沿和一个电平的上升沿。

(2)编写驱动模块程序 button_drv. c，同时编写一个配套的 Makefile 文件。

具体操作步骤如下。

①在虚拟机的/share 目录下新建一个名为 button 的目录，输入命令“mkdir /share/button”，在该目录下创建一个名为 button_drv. c 的文件，输入命令“vi /share/led/button_drv. c”。

②在 button_drv. c 文件中录入图 14.2 所示的内容，再存盘退出。

```
#include <linux/config.h>
#include <linux/module.h>
#include <linux/kernel.h>
#include <linux/init.h>
#include <linux/miscdevice.h>
#include <linux/sched.h>
#include <linux/delay.h>
#include <linux/poll.h>
#include <linux/spinlock.h>
#include <linux/delay.h>
#include <asm/hardware.h>
#include <asm/arch/S3C2410.h>
#include <asm/arch/irqs.h>
#include <asm/arch/irq.h>
#define DPRINTK( x... )   printk("s3c2410-int: " ##x)
#define DEVICE_NAME  "s3c2410 int"
#define s3c2410_IRQ5      IRQ_EINT5
#define GPIO_key_int01  (GPIO_MODE_IN | GPIO_PULLUP_DIS | GPIO_F3)
#define led01_enable()    \
    ({ GPCCON &=~ 0xc00;  \
        GPCCON |= 0x400;  \
        GPCDAT&=~ 0x20;   \
        GPCDAT |= 0x0;    \
})
#define led01_disable() \
    ({ GPCDAT&=~ 0x20;  \
        GPCDAT |= 0x20; \
```

图 14.2　button_drv. c 文件录入内容(1)

```
})
#define led02_enable()      \
    ({  GPCCON &=~ 0x3000;  \
        GPCCON |= 0x1000;   \
        GPCDAT&=~ 0x40;     \
        GPCDAT |= 0x0;      \
})
#define led02_disable() \
    ({ GPCDAT&=~ 0x40;  \
       GPCDAT |= 0x40;  \
})
#define led03_enable()      \
    ({  GPCCON &=~ 0xc000;  \
        GPCCON |= 0x4000;   \
        GPCDAT&=~ 0x80;     \
        GPCDAT |= 0x0;      \
})
#define led03_disable()   \
    ({ GPCDAT&=~ 0x80;    \
        GPCDAT |= 0x80;   \
})
static void s3c2410_IRQ5_fun(int irq, void *dev_id, struct pt_regs *reg)
{
  int i =0 ;
  DPRINTK("enter interrupt 3 !\n");
  for (i=0;i<2;i++)
    {
        led01_enable();
        mdelay(800);
        led01_disable();
        mdelay(800);
        led02_enable();
        mdelay(800);
        led02_disable();
        mdelay(800);
        led03_enable();
        mdelay(800);
        led03_disable();
    }
}
static int __init s3c2410_interrupt_init(void)
{
  int i, ret;
  int flags;
  set_gpio_ctrl(GPIO_key_int01);
```

续图 14.2

```
    led01_disable();
    led02_disable();
    led03_disable();
    for (i=0;i<2;i++)
      {
            led01_enable();
            led02_enable();
            led03_enable();
            printk(DEVICE_NAME"GPCCON:%x\t GPCDAT:%x\t\n", GPCCON, GPCDAT );
            mdelay(500);
            led01_disable();
            led02_disable();
            led03_disable();
            printk (DEVICE_NAME"GPCCON:%x\t GPCDAT:%x\t\n",GPCCON, GPCDAT );
            mdelay(500);
      }
    local_irq_save(flags);
    ret = set_external_irq(s3c2410_IRQ5,  \
            EXT_RISING_EDGE, GPIO_PULLUP_DIS);
    if (ret)
      {
            printk("s3c2410_IRQ5  set_external_irq  failure");
            return ret;
      }
    local_irq_restore(flags);
    ret = request_irq(s3c2410_IRQ5, s3c2410_IRQ5_fun, \
            SA_INTERRUPT, "s3c2410_IRQ5", s3c2410_IRQ5_fun);
    if (ret)
      {
            printk("s3c2410_IRQ5 request_irq  failure");
            return ret;
      }
    printk(DEVICE_NAME " int01   initialized\n");
    return 0;
}
static void __exit s3c2410_interrupt_exit(void)
{
    printk(DEVICE_NAME " unloaded\n");
}
module_init(s3c2410_interrupt_init);
module_exit(s3c2410_interrupt_exit);
```

续图 14.2

③在 led 目录下创建一个名为 Makefile 的文件，输入命令“vi /share/button/Makefile”。

④在 Makefile 文件中录入图 14.3 所示的内容，再存盘退出。

```
TOPDIR  := .
KERNELDIR = /arm2410cl/kernel/linux-2.4.18-2410cl
INCLUDEDIR = $(KERNELDIR)/include
CROSS_COMPILE=armv4l-unknown-linux-
AS      =$(CROSS_COMPILE)as
LD      =$(CROSS_COMPILE)ld
CC      =$(CROSS_COMPILE)gcc
CPP     =$(CC) -E
AR      =$(CROSS_COMPILE)ar
NM      =$(CROSS_COMPILE)nm
STRIP   =$(CROSS_COMPILE)strip
OBJCOPY =$(CROSS_COMPILE)objcopy
OBJDUMP =$(CROSS_COMPILE)objdump
CFLAGS += -I..
CFLAGS += -Wall -O -D__KERNEL__ -DMODULE -I$(INCLUDEDIR)
TARGET = button_drv.o
all: $(TARGET)
button_drv.o:button_drv.c
	$(CC) -c $(CFLAGS) $^ -o $@
clean:
	rm -f *.o *~ core .depend
```

图 14.3　Makefile 文件录入内容(1)

(3)执行 make 命令制作出驱动模块 button_drv. o。

具体操作步骤如下。

①在交叉编译内核驱动模块之前，先要确保已有目标机的内核源代码(即实验箱上有 Linux 系统的内核源代码)，本例使用“博创嵌入式系统实验箱”配套光盘上的内核源代码，按光盘内手册上的要求，把内核源代码解压到目录“/arm2410cl/kernel/linux-2. 4. 18-2410cl”下。

②要确保已有交叉编译工具链，本例使用“博创嵌入式系统实验箱”配套光盘上的交叉编译工具，按光盘内手册上的要求，把交叉编译工具链解压到目录“/opt/host/armv4l”下，并把其下的 bin 目录添加到搜索路径中(在～/. bash_profile 文件中加入一句“export PATH=/opt/host/armv4l/bin: $PATH”即可)。

③在 button 目录下输入“make”并回车，进行驱动模块的编译，若成功，则在当前目录下会生成一个名为 button_drv. o 的驱动模块文件。

(4)利用 insmod button_drv. o 命令插入内核，并用 lsmod 命令进行确认。

具体操作步骤如下。

①把 button_drv. o 文件通过网络输送到实验箱中，在实验箱中执行命令“insmod button_drv. o”并回车，把驱动模块插入到内核中去。

②模块插入内核后，通过执行命令“lsmod”来确保驱动模块已经插入到内核。

(5)结合上述设备文件，验证按键中断是否工作正常。

具体操作步骤如下。

按动实验箱上的中断按键“INTKEY”，即可看到打印出信息“enter interrupt 3 !”，同时 LED 会闪动三次。

(二)方案二(适用于 2.6 及以上版本 Linux 系统内核)

(1)查看实验箱的电路原理图，选定接有中断按键的端口，分析其高/低电平时的状态。(注：此处以“博创嵌入式系统实验箱”为例。)

实验步骤同方案一的步骤(1)。

(2)编写驱动模块程序 button_drv. c，同时编写一个配套的 Makefile 文件。

具体操作步骤如下。

①在虚拟机的/share 目录下新建一个名为 button 的目录，输入命令“mkdir /share/button”，在该目录下创建一个名为 button_drv. c 的文件，输入命令“vi /share/button/button_drv. c”。

②在 button_drv. c 文件中录入图 14.4 所示的内容，再存盘退出。

注意，在图 14.4 所示的程序中，被注释掉的部分为 3. X 及以上版本 Linux 系统的头文件位置，若内核为 3. X 及以上版本可进行调整。

```
#include <linux/module.h>
#include <linux/kernel.h>
#include <linux/fs.h>
#include <linux/init.h>
#include <linux/delay.h>
#include <asm/irq.h>
#include <linux/interrupt.h>
#include <asm/uaccess.h>
#include <asm/arch/regs-gpio.h>
//#include <asm/hardware.h>
//#include <mach/regs-gpio.h>
#include <mach/hardware.h>
#include <linux/sched.h>
#define DEVICE_NAME     "button"
MODULE_LICENSE("GPL");
int major = 0;
static volatile int ev_press = 0;
```

图 14.4 button_drv. c 文件录入内容(2)

```
struct button_irq_desc {
    int irq;
    unsigned long flags;
    char *name;
};
static volatile int press_cnt [] = {0};
static DECLARE_WAIT_QUEUE_HEAD(button_waitq);
static irqreturn_t buttons_interrupt(int irq, void *dev_id)
{
    volatile int *press_cnt = (volatile int *)dev_id;
    *press_cnt = *press_cnt + 1;
    ev_press = 1;
    wake_up_interruptible(&button_waitq);
    return IRQ_RETVAL(IRQ_HANDLED);
}
static int s3c24xx_buttons_open(struct inode *inode, struct file *file)
{
    int err;
    err = request_irq(IRQ_EINT11, buttons_interrupt, \
            IRQF_TRIGGER_FALLING, "KEY1", (void *)&press_cnt[0]);
    if (err)
        {
            free_irq(IRQ_EINT5, (void *)&press_cnt[0]);
            return -EBUSY;
        }
    return 0;
}
static int s3c24xx_buttons_close(struct inode *inode, struct file *file)
{
    free_irq(IRQ_EINT11, (void *)&press_cnt);
    return 0;
}
static int s3c24xx_buttons_read(struct file *filp, char __user *buff,
size_t count, loff_t *offp)
{
    unsigned long err;
    wait_event_interruptible(button_waitq, ev_press);
    ev_press = 0;
    err = copy_to_user(buff, (const void *)press_cnt, \
            min(sizeof(press_cnt), count));
    memset((void *)press_cnt, 0, sizeof(press_cnt));
    return err ? -EFAULT : 0;
}
static struct file_operations s3c24xx_buttons_fops = {
```

续图 14.4

```
    .owner   =   THIS_MODULE,
    .open    =   s3c24xx_buttons_open,
    .release =   s3c24xx_buttons_close,
    .read    =   s3c24xx_buttons_read,
};
static int __init s3c24xx_buttons_init(void)
{
    major = register_chrdev(0, DEVICE_NAME, &s3c24xx_buttons_fops);
    if (major < 0)
    {
      printk(DEVICE_NAME " can't register major number\n");
      return major;
    }
    printk(DEVICE_NAME " initialized\n");
    return 0;
}
static void __exit s3c24xx_buttons_exit(void)
{
    unregister_chrdev(major, DEVICE_NAME);
}
module_init(s3c24xx_buttons_init);
module_exit(s3c24xx_buttons_exit);
```

续图 14.4

③在 led 目录下创建一个名为 Makefile 的文件，输入命令“vi /share/button/Makefile”。

④在 Makefile 文件中录入图 14.5 所示的内容，再存盘退出。

```
ifneq ($(KERNELRELEASE),)
obj-m := button_drv.o
else
KDIR := /usr/local/src/linux-2.6.32.2
all:
        make -C $(KDIR) M=$(PWD) modules
clean:
        rm -f *.ko *.o *.mod.o *.mod.c *.symvers *.order
endif
```

图 14.5 Makefile 文件录入内容(2)

注意，对于图 14.5 中的代码，KDIR 后面录入的是具体实验时所放置的 Linux 系统源代码目录，此源代码版本必须与实验箱中 Linux 系统的版本一致。

(3)执行 make 命令制作出驱动模块 button_drv.ko。

在 button 目录下输入“make”并回车，进行驱动模块的编译，若成功，则在当前目录下会生成一个名为 button_drv. ko 的驱动模块文件。

(4)利用 insmod button_drv. ko 命令插入内核，并用 lsmod 命令进行确认。

具体操作步骤如下。

①把 button_drv. ko 文件通过网络输送到实验箱中，在实验箱中执行命令“insmod button_drv. ko”并回车，把驱动模块插入到内核中去。

②模块插入内核后，通过执行命令“lsmod”来确保驱动模块已经插入到内核。

(5)查看/proc/devices 文件内容，记录为 button _drv 模块分配的主设备号。

具体操作步骤如下。

①在实验箱下输入命令“cat /proc/devices”并回车，会显示一个设备号列表。

②在列表中找到刚才插入的 button_drv 模块，并记录下为其分配的主设备号，如图 14.6 所示。

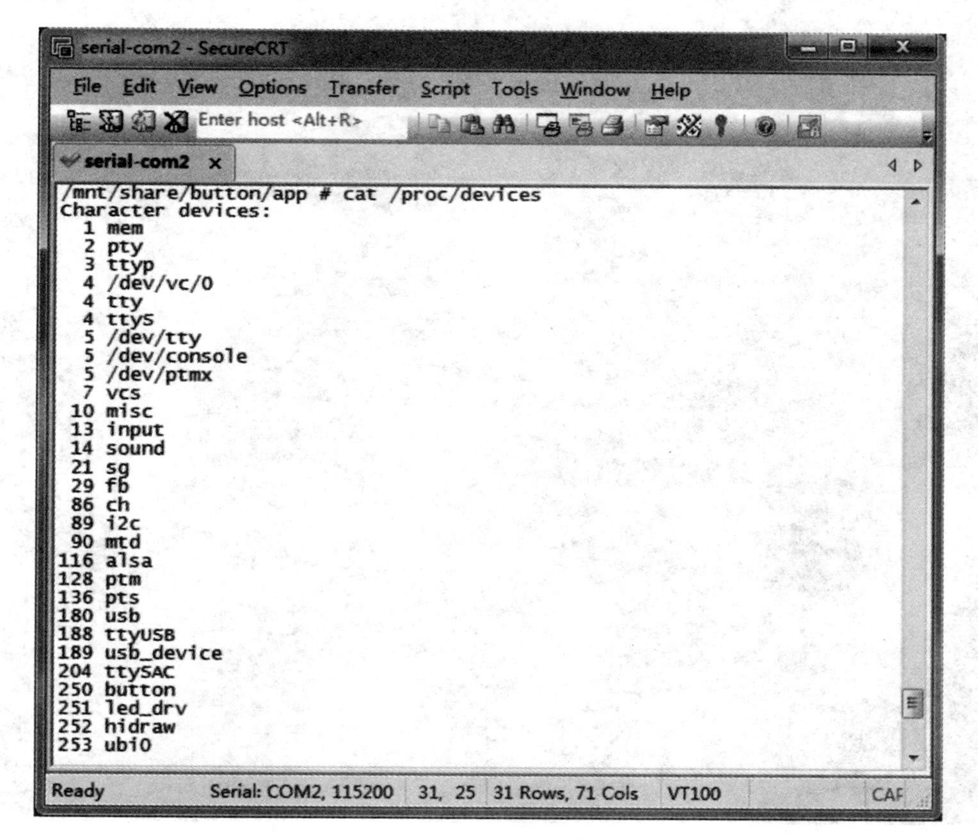

图 14.6　查看主设备号

(6)利用 mknod 命令建立一个名为 button 的字符设备节点文件。

具体操作步骤如下。

①在实验箱下输入命令“mknod /dev/button c 250 0”(注：此处的主设备号 250 要根据实际从图 14.6 中观察的主设备号来填写，不能照抄)并回车，为插入的 button_drv 驱动模块建立一个设备节点。

②进入到设备目录确保设备文件 button 已经建立成功，输入命令“ls /dev/button”。

(7)结合上述设备文件，编写相应的控制程序 button. c，并进行交叉编译生成应用程序 button，利用其来获得并显示按键信息。

具体操作步骤如下。

①在 button 目录下创建一个名为 button_test. c 的文件，输入命令“vi /share/button/button_test. c”。

②在 button_test. c 文件中录入图 14. 7 所示的内容，再存盘退出。

```
#include <stdio.h>
#include <stdlib.h>
#include <unistd.h>
#include <sys/ioctl.h>
int main(int argc, char **argv)
{
    int ret, fd;
    int press_cnt[1];
    fd = open("/dev/button", 0);
    if (fd < 0) {
        printf("Can't open /dev/button\n");
        return -1;
    }
    while (1) {
        ret = read(fd, press_cnt, sizeof(press_cnt));
        if (ret < 0) {
            printf("read err!\n");
            continue;
        }
        if (press_cnt[0])
          printf("INTKEY has been pressed %d times!\n", press_cnt[0]);
    }
    close(fd);
    return 0;
}
```

图 14. 7　button_test. c 文件录入内容

③在 button 目录下输入命令“arm-linux-gcc button_test. c-o button_test”并回车，进行交叉编译。

④把 button_test 文件通过网络输送到实验箱中去，并在实验箱中执行命令“chmod 777 button_test”为其添加可执行属性。

(8)在嵌入式系统实验箱中运行，观察运行结果。

具体操作步骤如下。

在实验箱中执行命令“./button _test”并回车，然后按动实验箱上的中断按键“INTKEY”，即可看到屏幕上打印出按键次数，如图 14.8 所示。

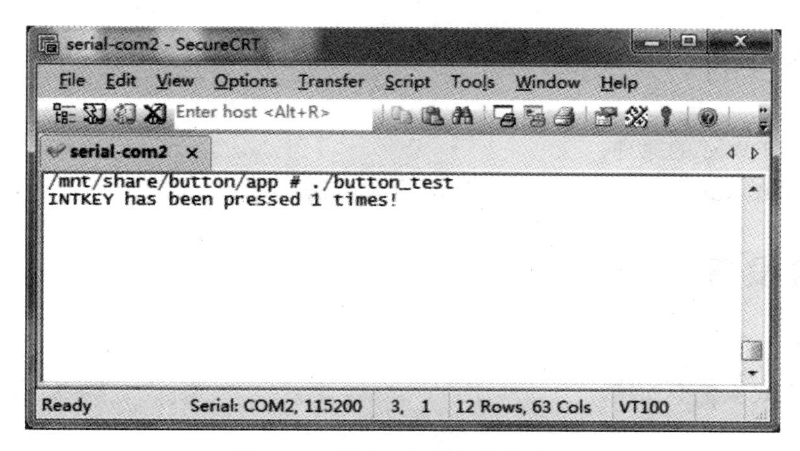

图 14.8　屏幕上打印出按键次数

实验十五　嵌入式 Linux 系统下的 PWM 实验

一、实验目的

(1)了解 PWM 的原理。
(2)掌握嵌入式 Linux 系统下的 PWM 开发方法。

二、实验设备

(1)PC。
(2)嵌入式系统实验箱。

三、实验性质

验证性实验。

四、实验内容

(1)分析电机接口电路。
(2)编写 PWM 驱动程序以及配套的 Makefile 文件。
(3)交叉编译驱动程序,生成驱动模块文件。
(4)下载驱动模块文件到实验箱并插入内核。
(5)手动建立设备节点文件。
(6)编写电动机控制的应用程序并进行交叉编译。
(7)下载应用程序到实验箱并验证电动机调速控制。

五、实验原理

PWM 是实现功率控制的有效方式,在嵌入式系统中经常会涉及电动机控制程序的开发。本实验通过一个 PWM 控制电动机转动的控制程序,验证了 Linux 系统下 PWM 输出程序的开发方法。

六、实验步骤

(1)查看实验箱的电路原理图,选定接有中断按键的端口,分析其高/低电平时的状态。(注:此处以“博创嵌入式系统实验箱”为例。)

具体操作步骤如下。

①打开实验箱配套的光盘，进入目录“经典开发平台硬件文档\经典平台原理图\底板”，找到一个名为 MotorCloseLoop. Sch 的 PDF 文件并打开它，在其中找到电动机驱动接口的部分，如图 15.1 所示。

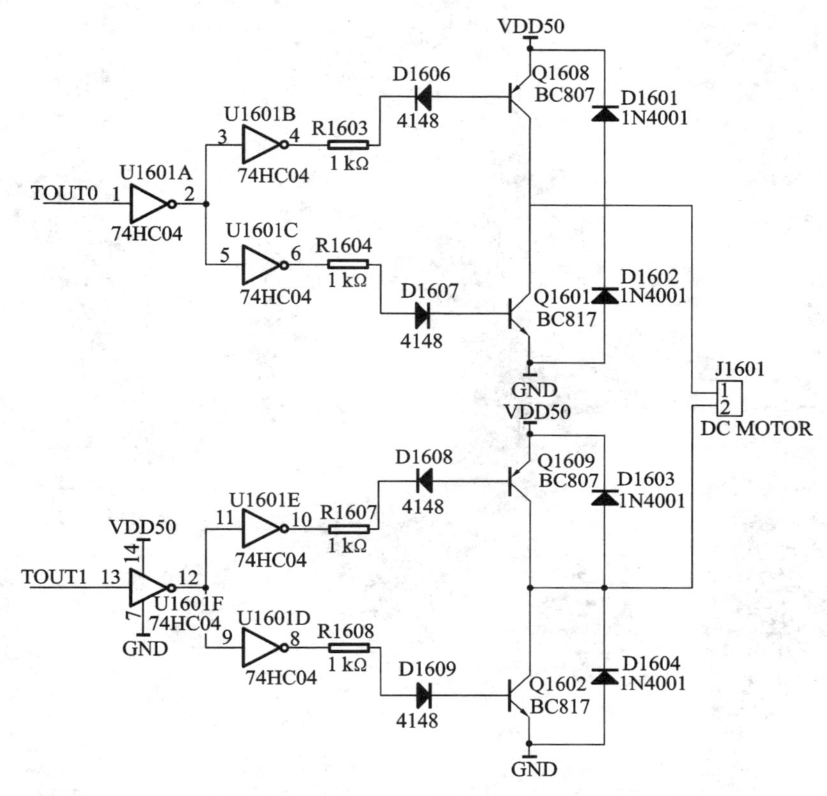

图 15.1　实验电路

②TOUT0 和 TOUT1 分别接到 S3C2410 的 GPB0 和 GPB1 端口，该端口为定时器 T0 和 T1 的 PWM 输出口，当 TOUT0 为高电平，TOUT1 为低电平时，Q1601 和 Q1609 导通，Q1608 和 Q1602 截止，DC MOTOR 的 1 脚接地，2 脚接正电源 VDD 端，电动机正转。当 TOUT0 为低电平，TOUT1 为高电平时，Q1601 和 Q1609 截止，Q1608 和 Q1602 导通，DC MOTOR 的 1 脚接正电源 VDD 端，2 脚接地，电动机反转。当 TOUT0 和 TOUT1 的电平相同（同为高电平或同为低电平）时，电动机不转。

③根据上述电动机接口分析，只需在 S3C2410 的 GPB0 和 GPB1 端口输出不同比例的 PWM，即可控制电动机的转速与方向。

(2)编写驱动模块程序 pwm_drv. c，同时编写一个配套的 Makefile 文件。

具体操作步骤如下。

①在虚拟机的/share 目录下新建一个名为 pwm 的目录，输入命令“mkdir /share/pwm”，在该目录下创建一个名为 pwm_drv. c 的文件，输入命令“vi /share/pwm/pwm_drv. c”。

②在 pwm_drv.c 文件中录入图 15.2 所示的内容,再存盘退出。

```
#include <linux/config.h>
#include <linux/module.h>
#include <linux/kernel.h>
#include <linux/init.h>
#include <linux/sched.h>
#include <linux/delay.h>

#include <linux/mm.h>
#include <asm/uaccess.h>
#include <asm/arch/S3C2410.h>
#ifdef CONFIG_DEVFS_FS
#include <linux/devfs_fs_kernel.h>
#endif
#define DEBUG
#ifdef DEBUG
#define DPRINTK(x...)    \
        {printk(__FUNCTION__"(%d): ",__LINE__);printk(##x);}
#else
#define DPRINTK(x...) (void)(0)
#endif
#define DEVICE_NAME            "s3c2410-pwm-da"
#define DCMRAW_MINOR         1
#define DCM_IOCTRL_SETPWM    (0x10)
#define DCM_TCNTB0            (163840)
#define DCM_TCFG0             (0x02)
static int dcmMajor = 0;
#define LEFT    1
#define RIGHT   0
#define tout00_01_enable()    \
({      GPBCON &=~ 0x0f;        \
        GPBCON |= 0x0a;         \
})
#define tout00_01_disable()   \
({      GPBCON &=~ 0x0f;        \
        GPBCON |= 0x05;         \
        GPBUP &=~0x0f;          \
})
```

图 15.2　pwm_drv.c 文件录入内容

```
#define dcm_stop_timer()       ({ TCON &= ~0x11000; })
static void  dcm_start_timer()
{
  TCFG0 &= ~(0xff0000);
  TCFG0 |= (DCM_TCFG0);
  TCFG1 &= ~(0xf);
  TCNTB0 = DCM_TCNTB0;
  TCNTB1 = DCM_TCNTB0;
  TCMPB0 = DCM_TCNTB0/2;
  TCMPB1 = DCM_TCNTB0/2;
  TCON &=~(0xfff);
  TCON |=(0x202);
  TCON &=~(0xfff);
  TCON |=(0xd0d);
}

static int s3c2410_dcm_open(struct inode *inode, struct file *filp)
{
    MOD_INC_USE_COUNT;
    DPRINTK( "S3c2410 DC Motor device open now!\n");
    tout00_01_enable();
    dcm_start_timer();
    return 0;
}
static int s3c2410_dcm_release(struct inode *inode, struct file *filp)
{
     MOD_DEC_USE_COUNT;
     DPRINTK( "S3c2410 DC Motor device release!\n");
     tout00_01_disable();
     dcm_stop_timer();
     return 0;
}
static int dcm_setpwm(int v)
{
     return (TCMPB0 =DCM_TCNTB0/2 + v);
}
static int s3c2410_dcm_ioctl (struct inode *inode, struct file *filp,
unsigned int cmd, unsigned long arg)
{
```

续图 15.2

```
    switch(cmd){
        case LEFT:
            {
                TCON &=~(0xfff);
                TCON |=(0xd0d);
                return dcm_setpwm((int)arg);
            }
        case RIGHT:
            {
                TCON &=~(0xfff);
                TCON |=(0x909);
                return dcm_setpwm((int)arg);
            }
        }
        return 0;
}
static struct file_operations s3c2410_dcm_fops = {
        owner:  THIS_MODULE,
        open:   s3c2410_dcm_open,
        ioctl:  s3c2410_dcm_ioctl,
        release:        s3c2410_dcm_release,
};
#ifdef CONFIG_DEVFS_FS
static devfs_handle_t devfs_dcm_dir, devfs_dcm0;
#endif
int __init s3c2410_dcm_init(void)
{
    int ret;
    ret = register_chrdev(0, DEVICE_NAME, &s3c2410_dcm_fops);
    if (ret < 0) {
        DPRINTK(DEVICE_NAME " can't get major number\n");
        return ret;
        }
    dcmMajor=ret;
#ifdef CONFIG_DEVFS_FS
  devfs_dcm_dir = devfs_mk_dir(NULL, "pwm", NULL);
  devfs_dcm0 = devfs_register(devfs_dcm_dir, "pwm_drv",  \
```

续图 15.2

```
                DEVFS_FL_DEFAULT, dcmMajor, DCMRAW_MINOR, \
                S_IFCHR | S_IRUSR | S_IWUSR, &s3c2410_dcm_fops, NULL);
#endif
    DPRINTK (DEVICE_NAME"\tdevice initialized\n");
    return 0;
}
module_init(s3c2410_dcm_init);
#ifdef MODULE
void __exit s3c2410_dcm_exit(void)
{
    #ifdef CONFIG_DEVFS_FS
        devfs_unregister(devfs_dcm0);
        devfs_unregister(devfs_dcm_dir);
    #endif
    unregister_chrdev(dcmMajor, DEVICE_NAME);
}
module_exit(s3c2410_dcm_exit);
#endif
MODULE_LICENSE("GPL");
```

续图 15.2

③在 pwm 目录下创建一个名为 Makefile 的文件，输入命令“vi /share/pwm/Makefile”。

④在 Makefile 文件中录入图 15.3 所示的内容，再存盘退出。

(3)执行 make 命令制作出驱动模块 pwm_drv.o。

具体操作步骤如下。

①在交叉编译内核驱动模块之前，先要确保已有目标机的内核源代码(即实验箱上有 Linux 系统的内核源代码)，本例使用“博创嵌入式系统实验箱”配套光盘上的内核源代码，按光盘内手册上的要求，把内核源代码解压到目录“/arm2410cl/kernel/linux-2.4.18-2410cl”下。

②要确保已有交叉编译工具链，本例使用“博创嵌入式系统实验箱”配套光盘上的交叉编译工具，按光盘内手册上的要求，把交叉编译工具链解压到目录“/opt/host/armv4l”下，并把其下的 bin 目录添加到搜索路径中(在～/.bash_profile 文件中加入一句“export PATH=/opt/host/armv4l/bin:$PATH”即可)。

③在 pwm 目录下输入“make”并回车，进行驱动模块的编译，若成功，则在当前目录下会生成一个名为“pwm_drv.o”的驱动模块文件。

(4)利用 insmod pwm_drv.o 命令插入内核，并用 lsmod 命令进行确认。

具体操作步骤如下。

①把 pwm_drv.o 文件通过网络输送到实验箱中，在实验箱中执行命令“insmod pwm_drv.o”并回车，把驱动模块插入到内核中去。

```
TOPDIR  := .
KERNELDIR =/arm2410cl/kernel/linux-2.4.18-2410cl/
INCLUDEDIR = $(KERNELDIR)/include
CROSS_COMPILE= armv4l-unknown-linux-
AS      =$(CROSS_COMPILE)as
LD      =$(CROSS_COMPILE)ld
CC      =$(CROSS_COMPILE)gcc
CPP     =$(CC) -E
AR      =$(CROSS_COMPILE)ar
NM      =$(CROSS_COMPILE)nm
STRIP   =$(CROSS_COMPILE)strip
OBJCOPY =$(CROSS_COMPILE)objcopy
OBJDUMP =$(CROSS_COMPILE)objdump
CFLAGS += -I..
CFLAGS += -Wall -O -D__KERNEL__ -DMODULE -I$(INCLUDEDIR)
TARGET = pwm_ad.o
all: $(TARGET)
pwm_drv.o: pwm_drv.c
        $(CC) -c $(CFLAGS) $^ -o $@
install:
        install -d $(INSTALLDIR)
        install -c $(TARGET).o $(INSTALLDIR)
clean:
        rm -f *.o   *~ core .depend
```

图 15.3 Makefile 文件录入内容

②模块插入内核后，通过执行命令“lsmod”来确保驱动模块已经插入到内核。

③由于采用了自动生成设备节点的方式，所以在模块插入内核后，设备节点文件就创建完成了，可执行命令“ls /dev/pwm/pwm_drv”来查看设备节点文件。

(5)结合上述设备文件，编写相应的控制程序 motor.c，并进行交叉编译生成应用程序 motor，以利用其来控制电机的转速和方向。

具体操作步骤如下。

①在 pwm 目录下创建一个名为 motor.c 的文件，输入命令“vi /share/pwm/motor.c”。

②在 motor.c 文件中录入图 15.4 所示的内容，再存盘退出。

③为了交叉编译上面的应用程序，还需要为它写一个 Makefile 文件，为了不与驱动程序的 Makefile 文件冲突，此处将其命名为 Makefile_motor，在 pwm 目录下输入命令“vi /share/pwm/Makefile_motor”。

```
#include <stdio.h>
#include <fcntl.h>
#include <string.h>
#include <sys/ioctl.h>
#define DCM_IOCTRL_SETPWM            (0x10)
#define DCM_TCNTB0                   (163840)
static int dcm_fd = -1;
char *DCM_DEV="/dev/pwm/pwm_drv";
void Delay(int t)
{
    int i;
    for(;t>0;t--)
        for(i=0;i<400;i++);
}
int main(int argc, char **argv)
{
    int i = 0, direction=0;
    int status = 1;
    int setpwm = 0;
    int factor = DCM_TCNTB0/1024;
    if((dcm_fd=open(DCM_DEV, O_WRONLY))<0)
      {
          printf("Error opening %s device\n", DCM_DEV);
          return 1;
      }
     while(1) {
        setpwm = strtoul(argv[1],0,0);
        if(strcmp(argv[2],"left"))
            direction = 0;
        else
            direction = 1;
        ioctl(dcm_fd, direction, (setpwm * factor));
        Delay(500);
        printf("setpwm = %d \n", setpwm);
     }
     close(dcm_fd);
     return 0;
}
```

图 15.4　motor. c 文件录入内容

④在 Makefile_motor 文件中录入图 15.5 所示的内容，再存盘退出。

```
TOPDIR = ./
CROSS = armv4l-unknown-linux-
CC= ${CROSS}gcc
EXTRA_LIBS +=
EXP_INSTALL = install -m 755
INSTALL_DIR = $(TOPDIR)/bin
EXTRA_LIBS += -lpthread
TARGET = dcm_main
all: $(TARGET)
motor: motor.o
        $(CC) $(CFLAGS) $^ -o $@
install:
        $(EXP_INSTALL) $(TARGET) $(INSTALL_DIR)
clean:
        rm -f *.o a.out da *.gdb dcm_main
```

图 15.5　Makefile_motor 文件录入内容

⑤输入“make -f Makefile_motor”并回车，对程序进行交叉编译，若成功，则在当前目录会生成一个名为 motor 的文件。

⑥把 motor 文件通过网络输送到实验箱中去，并在实验箱中执行命令“chmod 777 motor”为其添加可执行属性。

(6)在嵌入式系统实验箱中运行，观察运行结果。

具体操作步骤如下。

①在实验箱中执行命令“./motor 30 right”并回车，可看到实验箱上的电动机以顺时针方向慢速转动，如图 15.6 所示。

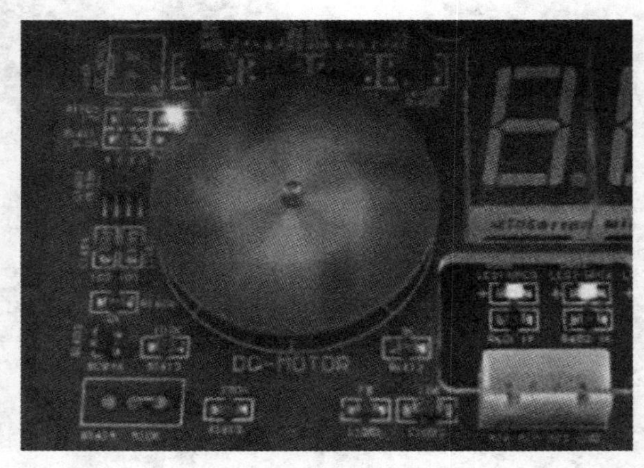

图 15.6　电动机顺时针转动

②在实验箱中执行命令“./motor 100 left”并回车，可看到实验箱上的电动机以逆时针方向快速转动，如图 15.7 所示。

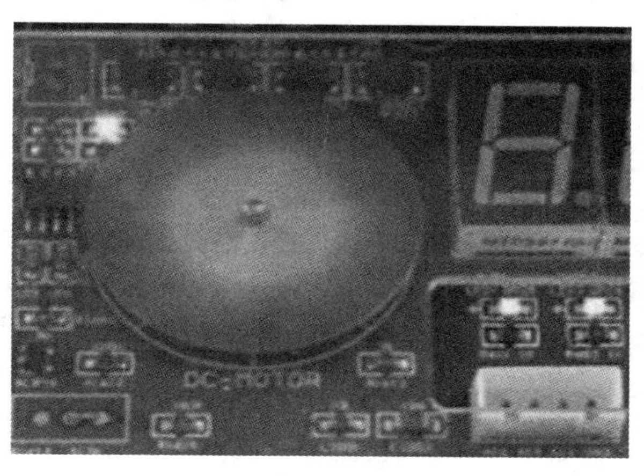

图 15.7　电动机逆时针转动

实验十六　基于网络的远程灯光控制实验

一、实验目的

(1)了解嵌入式 Linux 系统项目的设计过程。

(2)掌握嵌入式 Linux 系统下多模块结合的开发方法。

二、实验设备

(1)PC。

(2)嵌入式系统实验箱。

三、实验性质

设计性实验。

四、实验内容

(1)分析灯光接口电路。

(2)编写驱动程序以及配套的 Makefile 文件。

(3)编写 Server 端程序。

(4)交叉编译驱动程序及 Server 端程序。

(5)下载驱动模块文件到实验箱并插入内核。

(6)下载 Server 端程序到实验箱并更新运行。

(7)编写灯光控制 Client 端程序并进行编译。

(8)运行程序验证控制效果。

五、实验原理

远程控制技术是实现智能化家居控制的一种技术手段,本实验通过设计一个基于 TCP/IP 网络的远程灯光控制系统,验证了嵌入式 Linux 系统下多模块结合的项目开发方法。

六、实验步骤

(1)设计灯光接口的电路原理图,选定 S3C2410 的 GPF0 端口作为驱动端口,通过输出高/低电平控制灯光的亮/灭。

具体操作步骤如下。

①设计好的接口电路如图 16.1 所示(强电部分未画出)。

②在图 16.1 中，GPF0 输出高电平时，晶体管 T 导通，继电器吸合，灯亮，GPF0 输出低电平时，晶体管 T 截止，继电器释放，灯灭。

(2)编写灯光控制驱动模块程序 light_drv.c，同时编写一个配套的 Makefile 文件。

具体操作步骤如下。

①在虚拟机的/share 目录下新建一个名为 light_drv 的目录，输入命令“mkdir /share/light_drv”，在该目录下创建一个名为 light_drv.c 的文件，输入命令“vi /share/light_drv/light_drv.c”。

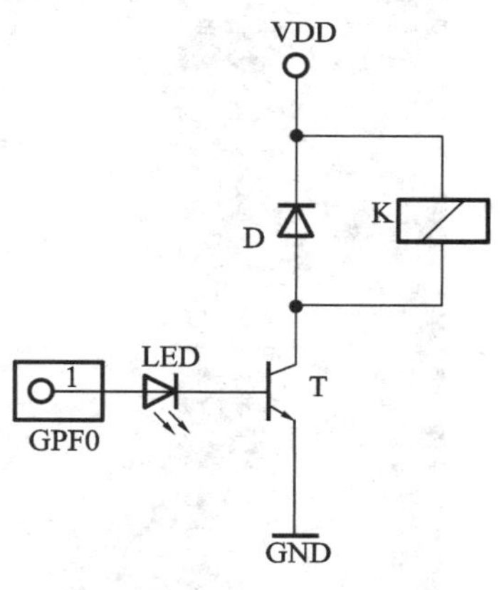

图 16.1　实验电路

②在 light_drv.c 文件中录入图 16.2 所示的内容，再存盘退出。

```
#include <linux/module.h>
#include <linux/poll.h>
#include <asm/io.h>
#include <linux/device.h>
MODULE_LICENSE("GPL");
volatile unsigned long *gpfcon = NULL;
volatile unsigned long *gpfdat = NULL;
int major;
static struct class *lightdrv_class;

static int light_dev_open(struct inode *inode, struct file *file)
{
   *gpfcon |= 0x01;;
   return 0;
}
static ssize_t light_dev_write(struct file *filp, const char *buf, size_t
count, loff_t * f_pos)
{
   int tmp, val = 1;
   tmp = copy_from_user(&val, buf, count);
   if (val == 1)
      *gpfdat &= ~0x01 ;
   else
      *gpfdat |= 0x01;
   return 0;
}
```

图 16.2　light_drv.c 文件录入内容

```
static struct file_operations light_dev_fops = {
    .owner = THIS_MODULE,
    .open = light_dev_open,
    .write = light_dev_write,
};
static int light_dev_init(void)
{
    major = register_chrdev(0, "light_drv", &light_dev_fops);
    lightdrv_class = class_create(THIS_MODULE, "light");
    device_create(lightdrv_class, NULL, MKDEV(major, 0), NULL, "light");
    gpfcon = (volatile unsigned long *)ioremap(0x56000050, 16);
    gpfdat = gpfcon + 1;
    return 0;
}
static void light_dev_exit(void)
{
    unregister_chrdev(major, "light_drv");
    device_destroy(lightdrv_class, MKDEV(major, 0));
    class_destroy(lightdrv_class);
}
module_init(light_dev_init);
module_exit(light_dev_exit);
```

续图 16.2

③在 light_drv 目录下创建一个名为 Makefile 的文件，输入命令“vi /share/light_drv/Makefile”。

④在 Makefile 文件中录入图 16.3 所示的内容，再存盘退出。

```
KERNDIR = /usr/local/src/linux-2.6.32.2
obj-m   := light_drv.o
all:
        make -C $(KERNDIR) M=$(PWD) modules
clean:
        make -C $(KERNDIR) M=$(PWD) modules clean
        rm -fr modules.order
```

图 16.3　Makefile 文件录入内容(1)

注意：对于图 16.3 所示代码中的第一句，KERNDIR 后面录入的是具体实验时所放置的 Linux 系统源代码目录，此源代码版本必须与实验箱中 Linux 系统的版本一致。

(3)执行 make 命令制作出驱动模块 light_drv. ko。

具体操作步骤如下。

在 light_drv 目录下输入“make”并回车，进行驱动模块的编译，若成功，则在当前目录下会生成一个名为“light_drv. ko”的驱动模块文件。

(4)结合上述设备文件，编写相应的控制程序 light. c，并进行交叉编译生成应用程序 light，以利用其来控制灯光的亮/灭。

具体操作步骤如下。

①在 light_drv 目录下创建一个名为 light. c 的文件，输入命令“vi /share/light_drv/light. c”。

②在 light. c 文件中录入图 16.4 所示的内容，再存盘退出。

```
#include <stdio.h>
#include <fcntl.h>
int main(int argc, char **argv)
{
  int fd;
  int val = 1;
  fd = open("/dev/light", O_RDWR);
  if ( fd < 0 )
      printf("can`t open\n");
  if ( argc != 2 )
    {
    printf("Usage :\n");
    printf("%s <on|off>\n", argv[0]);
    return 0;
     }
   if ( strcmp(argv[1], "off") == 0 )
    val = 1;
    else
    val = 0;
  write(fd, &val, 4);
  return 0;
}
```

图 16.4　light. c 文件录入内容

③在 light_drv 目录下输入命令“arm-linux-gcc light. c-o light”并回车，进行交叉编译，成功后会生成名为 light 的应用程序。

④输入命令“chmod 777 light”并回车，更改文件为可执行属性。

(5)编写灯光控制服务端程序 sever. c，同时编写一个配套的 Makefile 文件。

具体操作步骤如下。

①在虚拟机的/share 目录下新建一个名为 light_server 的目录，输入命令“mkdir /share/light_server”，在该目录下创建一个名为 server. c 的文件，输入命令“vi /share/light_server/server. c”。

②在 server. c 文件中录入图 16.5 所示的内容，再存盘退出。

```
#include <sys/types.h>
#include <sys/socket.h>
#include <stdio.h>
#include <stdlib.h>
#include <errno.h>
#include <string.h>
#include <unistd.h>
#include <netinet/in.h>
int main(void)
{
    int sockfd, new_fd, numbytes;
    struct sockaddr_in my_addr;
    struct sockaddr_in their_addr;
    int sin_size;
    char buff[100];
    if((sockfd = socket(AF_INET, SOCK_STREAM, 0)) == -1)
    {
        perror("socket");
        exit(1);
    }
    printf("socket success!, sockfd=%d\n", sockfd);
    my_addr.sin_family = AF_INET;
    my_addr.sin_port = htons(4321);
    my_addr.sin_addr.s_addr = INADDR_ANY;
    bzero(&(my_addr.sin_zero), 8);
    if(bind(sockfd, (struct sockaddr *)&my_addr, \
        sizeof(struct sockaddr)) == 1)
    {
        perror("bind");
        exit(1);
    }
    printf("bind success!\n");
    if(listen(sockfd, 10) == -1)
    {
        perror("listen");
        exit(1);
    }
```

图 16.5　server. c 文件录入内容

```
	printf("Listening....\n");
	while(1) {
		sin_size = sizeof(struct sockaddr_in);
		if((new_fd = accept(sockfd, (struct sockaddr *)&their_addr,\
			&sin_size)) == -1)
		  {
			perror("accept");
			exit(1);
		  }
	if(!fork())
	  {
		if((numbytes = recv(new_fd, buff, 25, 0)) == -1)
		  {
			perror("recv");
			exit(1);
		  }
		if(strcmp(buff, "on") == 0)
		  {
		    system("light on");
		    printf(" %s\n", buff);
		  }
		else
		  {
		    system("light off");
		    printf(" %s\n", buff);
		  }
		if(send(new_fd, "Welcome, This is Server.", 25, 0) == -1)
			perror("send");
		close(new_fd);
		exit(1);
	  }
	}
	close(sockfd);
}
```

续图 16.5

③在 light_server 目录下创建一个名为 Makefile 的文件，输入命令“vi /share/light_server/Makefile”。

④在 Makefile 文件中录入图 16.6 所示的内容，再存盘退出。

(6)执行 make 命令制作出可执行程序 server。

具体操作步骤如下。

```
EXTRA_LIBS += -lpthread
CC = arm-linux-gcc
EXEC = ./server
OBJS = server.o
all:$(EXEC)
$(EXEC):$(OBJS)
	$(CC) $(LDFLAGS) -o $@ $(OBJS) $(EXTRA_LIBS)
install:
	$(EXP_INSTALL) $(EXEC) $(INSTALL_DIR)
clean:
	-rm -f $(EXEC) *.elf *.gdb *.o
```

图 16.6　Makefile 文件录入内容(2)

①在 light_server 目录下输入“make”并回车，对程序进行交叉编译，若成功，则在当前目录下会生成一个名为 server 的文件。

②输入命令“chmod 777 server”并回车，更改文件为可执行属性。

(7)编写灯光控制客户端程序 client. c，并编写配套的 Makefile 文件。

具体操作步骤如下。

①在虚拟机的/share 目录下新建一个名为 light_client 的目录，输入命令“mkdir /share/light_client”，在该目录下创建一个名为 client. c 的文件，输入命令“vi /share/light_client/client. c”。

②在 client. c 文件中录入图 16.7 所示的内容，再存盘退出。

```
#include <sys/types.h>
#include <sys/socket.h>
#include <stdio.h>
#include <stdlib.h>
#include <errno.h>
#include <string.h>
#include <netdb.h>
#include <netinet/in.h>
int main(int argc, char * argv[])
{
	int sockfd, numbytes;
	struct hostent * he;
	struct sockaddr_in their_addr;
	int i = 0;
	char buf[100];
	he = gethostbyname(argv[1]);
	if((sockfd = socket(AF_INET, SOCK_STREAM, 0)) == -1)
	{
```

图 16.7　client. c 文件录入内容

```
        perror("socket");
        exit(1);
    }
    their_addr.sin_family = AF_INET;
    their_addr.sin_port = htons(4321);
    their_addr.sin_addr = *((struct in_addr *)he -> h_addr);
    bzero(&(their_addr.sin_zero), 8);
    if(connect(sockfd, (struct sockaddr *)&their_addr, \
        sizeof(struct sockaddr)) == 1)
    {
        perror("connect");
        exit(1);
    }
    if(strcmp(argv[2], "on") == 0)
  {
     if(send(sockfd, "on", 3, 0) == -1)
    {
        perror("send");
        exit(1);
    }
  }
    else
    {
     if(send(sockfd, "off", 4, 0) == -1)
    {
        perror("send");
        exit(1);
    }
    }
    close(sockfd);
    return 0;
}
```

续图 16.7

③在 light_client 目录下创建一个名为 Makefile 的文件，输入命令“vi /share/light_client/Makefile”。

④在 Makefile 文件中录入图 16.8 所示的内容，再存盘退出。

(8)执行 make 命令制作出可执行程序 client。

具体操作步骤如下。

①在 light_client 目录下输入“make”并回车，对程序进行交叉编译，若成功，则在当前目录下会生成一个名为 client 的文件。

②输入命令“chmod 777 client”并回车，更改文件为可执行属性。

(9)下载各模块及应用程序到实验箱，并进行相应的配置。

```
EXTRA_LIBS += -lpthread
CC = arm-linux-gcc
EXEC = ./server
OBJS = server.o
all:$(EXEC)
$(EXEC):$(OBJS)
	$(CC) $(LDFLAGS) -o $@ $(OBJS) $(EXTRA_LIBS)
install:
	$(EXP_INSTALL) $(EXEC) $(INSTALL_DIR)
clean:
	-rm -f $(EXEC) *.elf *.gdb *.o
```

图 16.8　Makefile 文件录入内容

具体操作步骤如下。

①把 light_drv. ko 文件通过网络输送到实验箱中，在实验箱中执行命令“insmod light_drv. ko”并回车，把驱动模块插入到内核中去。

②由于采用了自动生成设备节点的方式，所以在模块插入内核后，设备节点文件就创建完成了，可执行命令“ls /dev/light”来查看设备节点文件。

③把应用程序 light 通过网络输送到实验箱中，在实验箱中把 light 所在的路径添加到系统搜索路径中去，可执行命令“PATH = $PATH:/var”(若 light 文件不在 var 目录下，则需要把“var”更改为 light 所在的路径)。

④把应用程序 server 通过网络输送到实验箱中，并在实验箱中运行该服务程序，执行命令“./server”让实验箱处于网络侦听状态，如图 16.9 所示。

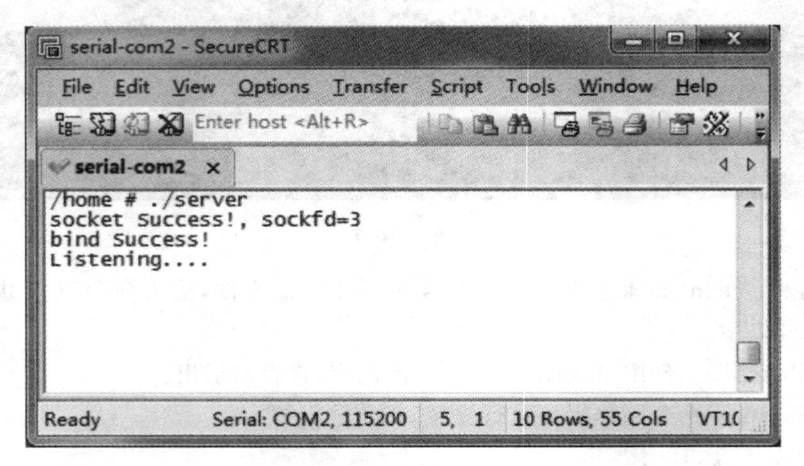

图 16.9　实验箱处于网络侦听状态

(10)验证执行结果。

具体操作步骤如下。

①先在实验箱中执行“./light on”并回车，可侦听到实验箱上的继电器吸合，若继电

器上已接好灯泡和电源，则灯会被点亮，执行“./light off”并回车，继电器释放，灯熄灭。

②在上一步成功后，证明驱动及应用程序控制没有问题，接下来进行网络远程控制，在虚拟机的 light_client 目录下执行“./client 192.168.0.121 on”命令，可看到实验箱上的继电器吸合、灯点亮，执行“./client 192.168.0.121 off”命令，可看到实验箱上的继电器释放、灯熄灭，同时在屏幕上会打印出开关的信息，如图 16.10、图 16.11 所示。

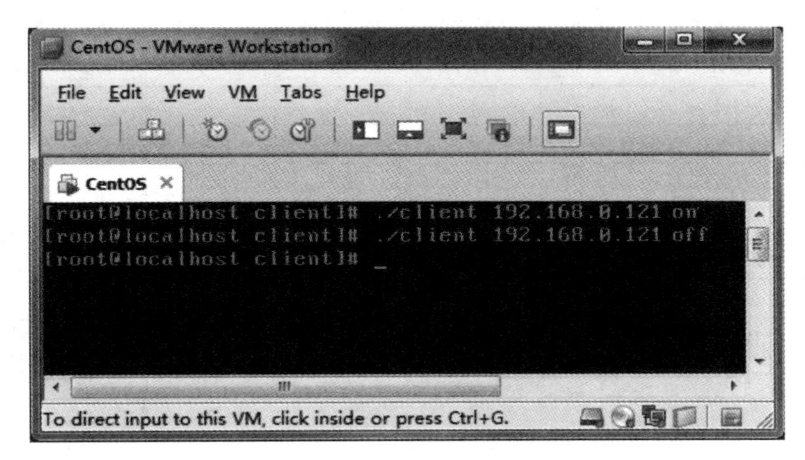

图 16.10　执行相关命令

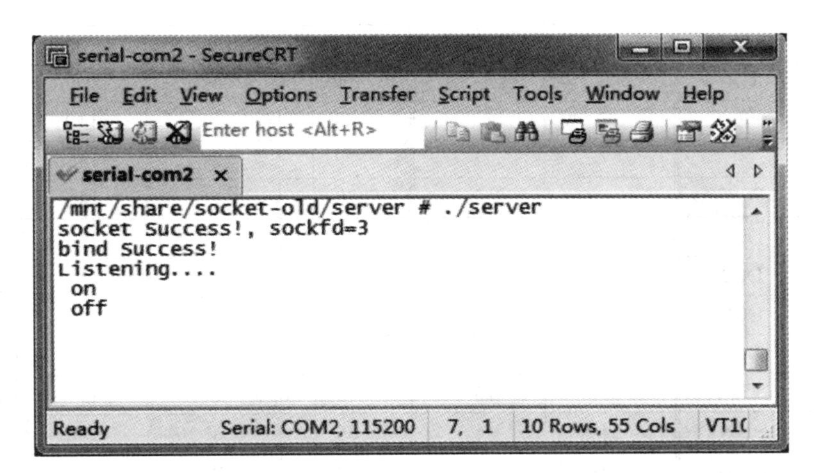

图 16.11　屏幕上打印出开关信息

附录　标准 ASCII 码表

下表所列为国际标准的 7 位 ASCII 码。

标准 ASCII 码

ASCII 值	控制字符	ASCII 值	控制字符	ASCII 值	控制字符	ASCII 值	控制字符
0	NUL	32	SP	64	@	96	、
1	SOH	33	!	65	A	97	a
2	STX	34	”	66	B	98	b
3	ETX	35	＃	67	C	99	c
4	EOT	36	$	68	D	100	d
5	ENQ	37	%	69	E	101	e
6	ACK	38	＆	70	F	102	f
7	BEL	39	’	71	G	103	g
8	BS	40	(	72	H	104	h
9	HT	41	)	73	I	105	i
10	LF	42	*	74	J	106	j
11	VT	43	＋	75	K	107	k
12	FF	44	,	76	L	108	l
13	CR	45	-	77	M	109	m
14	SO	46	.	78	N	110	n
15	SI	47	/	79	O	111	o
16	DLE	48	0	80	P	112	p
17	DC1	49	1	81	Q	113	q
18	DC2	50	2	82	R	114	r
19	DC3	51	3	83	S	115	s
20	DC4	52	4	84	T	116	t
21	NAK	53	5	85	U	117	u
22	SYN	54	6	86	V	118	v
23	ETB	55	7	87	W	119	w
24	CAN	56	8	88	X	120	x
25	EM	57	9	89	Y	121	y
26	SUB	58	:	90	Z	122	z
27	ESC	59	;	91	[	123	{
28	FS	60	＜	92	\	124	|
29	GS	61	＝	93	]	125	}
30	RS	62	＞	94	∧	126	~
31	US	63	?	95	—	127	DEL

参 考 文 献

[1] 陈文智. 嵌入式系统原理与设计[M]. 北京:清华大学出版社,2011.

[2] 张思民. 嵌入式系统设计与应用(2版)[M]. 北京:清华大学出版社,2014.

[3] 韦东山. 嵌入式 Linux 应用开发完全手册[M]. 北京:人民邮电出版社,2010.

[4] http://www.up-tech.com/

[5] http://www.industech.com.cn/

[6] http://guoqian.peixun5.com/